豆 ハンドブック

著　長谷川清美
写真　トモオカタカシ

文一総合出版

日本で出会った豆一覧 | Beans in Japan

- 1.ゴキネブリ (p.79) 2.ぶどう小豆 (p.80) 3.ぶんず (p.80) 4.からす小豆 (p.40) 5.黒小豆 (p.95) 6.小豆 (p.22) 7.野生小豆 (p.60) 8.野良小豆 (p.60) 9.いため (p.94) 10.小豆 (p.92) 11.肥後小豆 (p.92) 12.黒ささげ (p.95) 13.黒神 (p.98)

- 25.間作大豆 (p.23) 26.クモーマミ (p.97) 27.青地大豆 (p.97) 28.すずさやか (p.23) 29.花嫁小豆 (p.38) 30.小豆 (p.60) 31.さむらい豆 (p.80) 32.きなこ豆 (p.65) 33.姫小豆 (p.93) 34.晩生小豆 (p.38) 35.青小粒 (p.98)

- 47.湯がき豆 (p.65) 48.ささげ (p.62) 49.大豆 (p.63) 50.借金なし (p.63) 51.安家小豆 (p.38) 52.小豆 (p.92) 53.大豆 (p.96) 54.赤飯ささげ (p.72) 55.てんこささぎ (p.42)

- 65.黒ささげ (p.95) 66.霜降りささげ (p.61) 67.美方大納言 (p.78) 68.白フロウ (p.100) 69.黒大豆 (p.47) 70.天ぷら豆 (p.29) 71.やなぎ葉大豆 (p.43) 72.みさを大豆 (p.96) 73.毛豆 (p.44)

- 14.白黒小豆 (p.61) 15.赤すだれ (p.39) 16.赤すだれ (p.39) 17.白小豆 (p.41) 18.黒千石大豆 (p.24) 19.畦小豆 (p.93) 20.小っ黒豆 (p.47) 21.白小豆 (p.42) 22.黒すだれ (p.40) 23.すだれ小豆 (p.39) 24.白小豆 (p.41)

- 36.小豆 (p.22) 37.白小豆 (p.41) 38.大豆 (p.96) 39.クモーマミ (p.97) 40.えんどう豆 (p.32) 41.丹波黒さや大納言 (p.78) 42.赤いささげ (p.62) 43.陰小豆 (p.79) 44.すだれ小豆 (p.40) 45.ささげ (p.62) 46.赤みとり (p.93)

- 56.金時ささげ (p.49) 57.真珠豆 (p.29) 58.馬路大納言 (p.78) 59.黒みとり (p.94) 60.青山在来 (p.64) 61.鑾野大豆 (p.64) 62.大豆 (p.43) 63.えんどう豆 (p.32) 64.ささげ (p.61)

- 74.津久井在来 (p.64) 75.まさめ (p.94) 76.黒大豆 (p.102) 77.黒鸛 (p.81) 78.青丹生 (p.81) 79.七夕ささぎ (p.54) 80.てんこ小豆 (p.42) 81.ビルマ豆 (p.26) 82.紫色のえんどう豆 (p.32)

日本で出会った豆一覧 | Beans in Japan

- 83.ビルマ豆 (p.51)　84.大白大豆 (p.63)　85.西川 (p.23)　86.五葉大豆 (p.48)
  87.十面沢の毛豆 (p.45)　88.オオツル (p.82)　89.白豆 (p.85)　90.紫豆 (p.83)

- 99.岩手緑 (p.45)　100.鞍掛豆 (p.24)　101.前川金時 (p.25)　102.丹波黒 (p.82)
  103.たまご不老 (p.83)　104.黒大豆 (p.98)　105.白いんげん (p.100)　106.どじょう豆 (p.101)

- 116.青黒 (p.44)　117.青ばこ豆 (p.46)　118.パンダ豆 (p.70)　119.雁喰豆 (p.48)
  120.紅絞り (p.26)　121.つる赤なた豆 (p.72)　122.ぶどう豆 (p.66)　123.馬のかみしめ (p.46)

- 132.ささぎ (p.68)　133.紅虎豆 (p.50)　134.地ブロウ (p.66)　135.青平豆 (p.46)
  136.金時豆 (p.49)　137.とら豆 (p.67)　138.十六寸豆 (p.65)　139.ささげ豆 (p.69)

- 91. むらさき豆(p.99) 92. 大滝いんげん(p.70) 93. 黒ささげ(p.102) 94. 千茶(p.24) 95. 八鹿浅黄(p.81) 96. 丹波川北黒大豆(p.82) 97. 大豆(p.43) 98. 赤フロウ(p.99)

- 107. 白フロ(p.101) 108. 白いんげん(p.100) 109. 土幌いんげん(p.27) 110. 薦池大納言(p.79) 111. 紫不老(p.83) 112. 白たまご(p.70) 113. やぎはし豆(p.45) 114. 桑の木豆(p.67) 115. 大黒豆(p.48)

- 124. くるみ豆(p.44) 125. 十六ささげ(p.22) 126. あけえ豆(p.50) 127. 金時(p.49) 128. さくら豆(p.26) 129. 白不老(p.85) 130. 七里香ばし(p.47) 131. 八房いんげん(p.69)

- 140. 赤空豆(p.103) 141. 貝豆(p.28) 142. 漆野いんげん(p.52) 143. 貝豆(p.68) 144. ささげ(p.51) 145. 貝豆(p.28) 146. ささげ(p.52)

日本で出会った豆一覧 | Beans in Japan

- 147. 90才さや豆 (p.28) 148. おたふくいんげん (p.51) 149. 雪割豆 (p.66) 150. 桑の木ブロウ (p.67) 151. 緑貝豆 (p.27) 152. パンダ豆 (p.27) 153. いんげん (p.99) 154. 小粒ささげ (p.53)

- 162. 大福豆 (p.53) 163. 弥四郎ささぎ (p.52) 164. ぼこ豆 (p.72) 165. 本金時 (p.25) 166. 福良金時 (p.25) 167. うずら豆 (p.30) 168. ささぎ (p.53) 169. うずら豆 (p.84)

- 177. 紫花豆 (p.31) 178. 一寸そら豆 (p.86) 179. 世界一 (p.71) 180. あずき豆 (p.54) 181. 刀豆 (p.104)

- 155.ささぎ豆(p.50) 156.十六寸(p.101) 157.銀不老(p.85) 158.紅絞り(p.84) 159.いんげん豆(p.68) 160.栗いんげん(p.30) 161.栗豆(p.29)
- 170.赤空豆(p.103) 171.名称不詳(p.84) 172.大手亡(p.31) 173.フロ豆(p.102) 174.茶色いんげん(p.30) 175.うずら豆(p.69) 176.中生白花豆(p.31)
- 182.刀豆(p.104) 183.紫花豆(p.71) 184.花ブロウ(p.71) 185.富松一寸そら豆(p.86)

在来豆 とは

　昨今、話題になりつつある在来種ですが、そもそも「在来種」という言葉には明確な定義はありません。ざっくりと言えば「ある土地に古くからある種や系統」のことを指しますが、その解釈は人によって異なるため、とても曖昧に捉えられています。本書においては「農家が自給作物を作るために長い間自らタネを採り栽培してきた作物」を在来種として解釈して、各地方、各人が作り続けてきた豆を掲載しています。

　品種改良され系統が管理されている栽培種（育成品種）の豆と違って、在来豆は誰も品種を管理していないため系統がバラバラで、親品種がなんなのかもわからないほどバラエティーに富んでいます。それゆえ、色や形、大きさなどの形質が地方や生産者によって千差万別です。また、一見すると見た目がそっくりな豆であっても、遺伝子レベルでみるとまったくの別物なんてこともままあります。さらに、形状が明らかに異なっているにも関わらず呼び名がすべて「ささぎ」になっていたり、植物学的には「大角豆（ササゲ）」なのに「○○○小豆（アズキ）」と呼ばれていたり、はたまた人の名前や地名で呼ばれていたりと、名称がユニークなのも在来豆の特徴のひとつでしょう。

　最近では地域の遺伝資源を守るという側面などから在来種に注目が集まっています。しかし、なにより杓子定規には決して収まらない個性の豊かさこそが在来種、在来豆のいちばんの魅力です。

在来種あるある

子孫を遠くへ

在来種のなかには、長年自家採種されてきたことで原種っぽくなるものがある。写真の小豆は原種に近づいたものと推測されるが、莢をねじねじにして中のタネを遠くへと飛ばそうとしている。

姿形が不揃い

一定の収量や同じ形状ができるように管理された栽培種の豆とは違い、在来豆は大きさや形、模様などが不揃いなことがよくある。同じ莢に収まった豆でさえ見た目に違いがあることがある。

人から人へ

栽培種が出回る以前は日本各地で在来の作物が作られていたが、今では山間部や農村地帯に住む農家が自家用に細々と作っているだけになっている。それらの場所は先祖代々、家庭に伝わる作物や農村風景が今も残っている。

● 豆の仲間分け

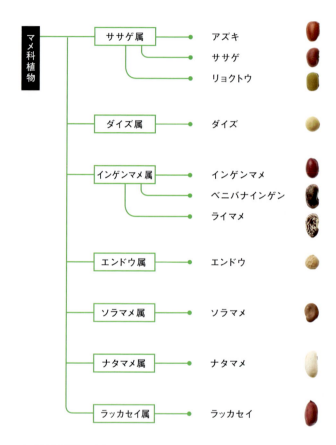

在来種は品種のひとつ

アズキやインゲンマメという種（しゅ）の中には多数の品種が存在している。在来種と呼ばれるものはその品種の一部。栽培種（育成品種）が登場するまでは日本の各地・各人の農家のもとで作られていた。

Vigna angularis
和名：小豆／赤小豆

原産地：東アジアとされる
特徴：ハレ食の代表として古くから日本で親しまれてきた。「エリモショウズ」や「しゅまり」などの栽培種が有名。大粒の小豆は大納言と呼ばれ、製餡業界から需要がある。在来の小豆は赤だけでなく、斑紋が入るものや、白、黒、ベージュなど模様と色がとても多様。

Vigna unguiculata
和名：大角豆／豇豆

原産地：アフリカ
特徴：赤飯の材料として高い知名度がある。小豆とよく似るが、へその周りが黒いのが大角豆の特徴。干ばつにも強く生命力あふれる豆である。「十六ささげ」など栽培種はあるものの、国内で作られている大角豆のほとんどが在来種ではないかといわれている。

Vigna radiata
和名：緑豆／緑小豆

原産地：インド
特徴：アジアでは餡や粥などにして食べられている。日本では春雨やもやしの原料として有名だが、国内ではほとんど栽培していないため中国から輸入した緑豆を使っている。在来種はほとんどなく、瀬戸内海の小飛島で「ぶんず」という豆を確認したのみ。

アズキ

ササゲ

リョクトウ

ダイズ

Glycine max

和名：大豆

原産地：中国東北部とされる

特徴：日本では納豆やきな粉など日常食として広く食べられている。夏の若いときは枝豆として食べ、熟したものを大豆として食している。黄色の大豆（黄大豆）が一般的だが、「丹波黒」など黒いものや茶色、緑など色味もさまざま。神奈川の「津久井在来」をはじめ、見た目こそ似るものの日本各地に在来種が存在しているようだ。

インゲンマメ

Phaseolus vulgaris

和名：隠元豆／菜豆

原産地：中央アメリカ

特徴：世界的にもっともよく食されている豆のひとつ。日本では明治時代から栽培が盛んにおこなわれ、餡にしたり、甘納豆や煮豆として食べられることが多い。若いときはさやいんげん（菜豆）として若莢を食べる。品種がとても多く見た目のバリエーションもとても豊か。日本の在来豆の中では、隠元豆がもっとも種類が多いと言われている。

Phaseolus lunatus

和名：莢豆／らい豆

原産地：熱帯アメリカ
特徴：耳たぶのような形が特徴的な熱帯原産の豆。ライマビーンやリマビーンという呼び名でアメリカ大陸で親しまれている。子実は白が一般的で、赤と白の斑紋入りは古代の品種。南米の先住民は魔除けや行事の装飾品として、この豆の首飾りを身に着けている。若いときの莢を煮て食べたり、乾燥させた子実を煮物などにして食べる。

ライマメ

Phaseolus coccineus

和名：紅花隠元／花豆

原産地：メキシコ
特徴：名前の通り、紅色の花を咲かせる。「花豆」と呼ばれることもあり、日本には観賞用として入ってきた。煮豆や餡にして食べるのが一般的。寒冷地が栽培に適しているため北海道や東北地方、群馬県や長野県の山間部などの寒冷地で主に栽培されている。それらの土地で自家採種が長年おこなわれ、在来種が誕生したと思われる。

ベニバナインゲン

13

エンドウ

Pisum sativum

和名：豌豆

原産地：西アジア
特徴：ヨーロッパをはじめ世界中で古くから広く食されてきた。日本へは奈良時代に中国から持ち込まれたとされる。青えんどうが煎り豆やうぐいす餡の原料として重宝されるほか、最近ではサヤエンドウという名で若莢を食べるための豆として親しまれている。寒さに強いこともあり、北海道など寒冷地で主に栽培されているが生産者は減少傾向にある。

ソラマメ

Pisum sativum

和名：空豆／蚕豆

原産地：東部地中海地域とされる
特徴：莢が空を向いてつくので「空豆」と名付けられた。中国発祥の豆板醤の材料として有名で、日本では若い莢は焼いたり、塩茹でにしてよく食されている。乾燥させた子実を揚げた豆菓子も定番である。「一寸ソラマメ」と総称される大粒種の仲間に在来種がいくつか残っているほか、温暖な地域を中心に各地に在来種が存在していると思われる。

Canavalia gladiata
和名：刀豆／鉈豆

原産地：アジアまたはアフリカの熱帯
特徴：1年草のマメ科植物として最大級の大きさ。薬効成分が豊富で、薬用植物として世界中で古くから利用されてきた。日本には江戸時代のはじめに持ち込まれたとされ、以来、福神漬けやお茶の原料として親しまれているように若莢で食べる地域がある。国内の在来種についての詳細は不明だが、南側の温暖な地域では在来種が残っているようだ。

ナタマメ

Arachis hypogaea
和名：落花生／南京豆／ピーナッツ

原産地：南アメリカ
特徴：マメ科植物の中では特異で地下部分に豆をつける。そのため「土豆」や「地豆」とも呼ばれることもある。殻ごと煎ったり、殻をとって煎ったり、油で揚げたりして食べるのが一般的。江戸時代から国内で栽培が盛んにおこなわれ、全国各地で作られている。新潟県の「ぽこ豆」など各地に在来種が存在していると思われる。

ラッカセイ

15

● 世界の食卓を支える豆料理

　アジア、ヨーロッパ、アフリカ、中東、中南米、世界のいたるところ豆は人々の生活に欠かすことができない食材のひとつとなっている。主食の米、麦、トウモロコシだけでは足りない栄養を補い、貴重なたんぱく源として人々の命を支える名実ともに縁の下の力持ちである。とくに農村や貧困地域に行けば行くほどその存在価値は高まり、1日に数回、豆を食べる生活を送っている地域も存在している。

　ミャンマーのシャン州。豆の産地で知られるこの地域は麺やご飯にひよこ豆の粉やいろいろな豆の素揚げをかけて食べる。また「トーフ」といういわゆる「寄せ物」に似たものもあるが、これもひよこ豆が原料だ。固めたものはサラダに、固める前の半練り状のものは麺にかけて食べている。

　アフリカのナイジェリアには「アカラ」、ブルキナファソでは「サムサ」と呼ばれるドーナッツのようなおやつがある。原料は大角豆で、水で戻した大角豆をすりつぶし、揚げたものだ。卵やベーキングパウダーを使っていないのにふわっとしていて軽い口触り。また、一般宅では部屋の床に納豆のような糸をひく豆が広げられていた。これは「ダワダワ」と呼ばれる発酵食品で、これを丸めて乾燥させ、スープの調味料に使う。さらに驚くべきはエチオピアの露店で見かけたひよこ豆の乾燥スプラウト。これは酒の原料で、エチオピアの農村では一般家庭で自家製のお酒を作って、販売したり、酒場として営業している。

　このように日本だけでなく、豆は世界中さまざまなかたちで食され、人々の暮らし、食卓を支えている。

そら豆の素揚げ（ミャンマー）

ひよこ豆のトーフの製造（ミャンマー）

発芽したエンドウの塩煮（ミャンマー）

豆を臼ですりつぶす（ブルキナファソ）

サムサを油で揚げる（ブルキナファソ）

サムサのできあがり！（ブルキナファソ）

ひよこ豆の乾燥スプラウト（エチオピア）

茹でたエンドウのスナック（エチオピア）

豆の発酵食をスープにする（ブルキナファソ）

17

本書の使い方

①品種名：豆の品種名、または呼び名。本書は生産者が呼んでいる名前を優先して取り上げている。
②別名：同一品種でありながら違う名称で呼ばれている場合などは記載している。
③解説：豆の特徴や由来など。取材を通して生産者から聞いたエピソードなども紹介している。
④写真：豆の大きさはすべて原寸大で表示している。
上から撮影した写真と横（へそ側）から撮影した写真を載せている。
⑤生産地：各豆の生産地を示している。
⑥生産者／入手先：各豆の生産者の名前もしくは入手先の販売店名など。
⑦生産者の生まれ年：生産者の生まれた年がわかる場合には表記している。
⑧つるあり：豆を栽培する際、つるがある種類にはマークを入れている。
※生産者から情報を得られた場合のみ。
⑨種類：小豆や大角豆、緑豆などササゲ属のものを「小豆」、ダイズ属を「大豆」、隠元豆、らい豆、紅花隠元などのインゲンマメ属は「いんげん」、その他の豆は「その他」として表記している。

【この本で使っている用語】
■自家採種：作物のタネを自らで採り、毎年その作業を継続すること。収量が多いタネや形質がよいタネを長年選抜して育て続けることで、優良な特性をもった品種ができる。
■栽培種：在来種と区別するために便宜的に使用した。本書では種苗会社や試験所などで開発され、販売されている種類の豆のことを指している。
■若莢（わかさや）：枝豆やさやいんげん、スナップエンドウといった、莢が熟す前の緑色をした莢の状態。
■子実：いわゆる完熟した莢に入っている豆（種子）のこと。本書では植物体そのものの豆と区別するために使用している。
■ハレ：民俗学用語で冠婚葬祭や年中行事などをおこなう日のこと。特別や非日常的という意味合いをもっている。

日本各地で出会った豆の図鑑

The beans in Hokkaido

広大な土地と気候が生んだ豆の王国

小豆や隠元豆をはじめ
日本屈指の豆の生産量を
誇る北の大地、北海道
独自の気候と広大な大地が
支える豆の王国には
今も昔も変わらぬ豆文化がある

北海道 の豆

小豆

北海道

小豆（あずき）

坂本さんの母ヒサノさんが実家の富山県から持ち込んだ小豆で、自家採種歴は100年を超える。通常の小豆より極小粒で赤黒い。坂本さんは自家採種、無肥料・無農薬、連作を基本とした栽培をおこなっている。

- 北海道恵庭市
- 坂本 一雄（昭和11年）

小豆（あずき）

自家採種歴100年以上の豆同様、坂本さんの母が富山県より持ち込んだ豆とされ、こちらも自家採種歴は50年を超える。自家採種歴100年以上の小豆と比べると粒がやや大きく地の色が明るいのが特徴的だ。

- 北海道恵庭市
- 坂本 一雄（昭和11年）

十六ささげ（じゅうろくささげ）

大粒の大角豆で1つの莢に16粒の子実が入るのが名前の由来。深みのある味でこの豆で作ったお赤飯は美味しいうえに、上品な色になるので地元では人気がある。若莢は茹でておひたしで食べることがある。

- 北海道上川郡剣淵町
- 鈴木 幸男

大豆

西川 <small>にしかわ</small> 白目大豆

政田篤さんの近隣に住んでいた西川夫妻が作っていた大豆。西川さんよりタネをゆずり受け政田さんは50年以上自家採種を続けている。通常の大豆に比べ味がよいので、政田家では好んで食べている。

- 北海道茅部郡森町
- 政田 篤（昭和4年）
  　　トキ（昭和4年）

間作大豆 <small>かんさくだいず</small> 納豆大豆

昔、田んぼの畔にこの豆を播いていたことが名前の由来。通常の大豆よりやや小振りで、納豆の材料にも使われるので「納豆大豆」という別名をもつ。味がとても濃く、豆ご飯や豆腐などに使っても美味しい。

- 北海道中川郡幕別町
- 平譯 優

すずさやか（栽培種）

東北農業研究所で2010年に新品種として開発された大豆。大豆臭のもとになる成分が少ないため豆乳などで飲みやすい。豆乳や豆腐をはじめスイーツの商品化が進んでおり、今後ますます普及すると思われる。

- 北海道中川郡幕別町
- 小笠原 保

大豆

北海道

鞍掛豆（くらかけまめ）

大豆特有の黄色の地に黒の模様が特徴的な大豆。この模様が馬の鞍に似ていることからこの名前がついた。山形県出身の家では、この豆と数の子を入れた浸し豆がお正月など、ハレの日のごちそうだったようだ。

- 北海道上川郡剣淵町
- 鈴木 幸男

千茶（せんちゃ）

名前の由来は不明だが「だだちゃ豆（山形県産の枝豆用大豆）」の一種と思われる大豆。味噌にすると濃厚な甘みがあり、とても美味しいことから政田家の味噌はもっぱらこの豆を使って作られている。

- 北海道茅部郡森町
- 政田 篤（昭和4年）
  トキ（昭和4年）

黒千石大豆（くろせんごくだいず）

皮は黒く中身が緑色をした珍しい小粒の大豆。古くは緑肥作物として栽培されていたが、近年はほとんど栽培されなくなった。抗ガン作用や抗アレルギー作用に関与する成分が見つかってから注目されるようになった。

- 北海道中川郡幕別町
- 平譯 優

いんげん

今や幻となった在来の金時豆。昭和40年代には北見地方で広く栽培されていた。風味豊かでコクのある味わいが特徴。米だけでなくパンやケーキとの相性もよい。道東の郷土食「ばたばた焼き」には必須の豆。

- 北海道紋別郡遠軽町
- 堀江 公

前川金時（まえかわきんとき）

道内でもっとも古い金時豆。栽培は難しいが、ほかの豆より日持ちするうえ食感がよく、煮豆にすると美しい赤色になるので自家用に育てる方がいる。北米の"Dwarf Red Cranberry"という豆が由来とされる。

- 北海道常呂郡佐呂間町
- 宇佐 嘉吉（昭和12年）

本金時（ほんきんとき）

「福勝」と「十系B203号」を親品種にもつ日本を代表する隠元豆（十勝農業試験所が育成）。金時豆の中の早生品種、程よい大きさで形も良いため煮豆に適した豆とされる。上川地方を中心に作付されている。

- 北海道上川郡剣淵町
- 鈴木 幸男

福良金時（ふくらきんとき）（栽培種）

25

いんげん

北海道

さくら豆

厚沢部町の農家で代々作られてきた大豆によく似た隠元豆。もとは入植するときに、東北地方から持ち込まれたものとされるが詳細は不明。早く煮えるうえ美味しいので、茹でてそのまま食べたり煮豆にして食べる。

- 北海道常呂郡佐呂間町
- 宇佐 嘉吉（昭和12年）

紅絞り（べにしぼり）

道下さんの祖母の代から作られてきた自家採種歴100年以上の隠元豆。脱穀の際、豆殻がなかなか外れず手間がかかる豆だが美味しいので毎年作り続けているようだ。道下さん宅ではもっぱら煮豆にして食べられる。

- 北海道河西郡芽室町
- 道下 里美（昭和38年）

ビルマ豆（ばか豆）

昔、小豆が不作なときに小豆餡の代用として使われていた。別名はバカみたいに収量があるのが由来。ビルマ豆ご飯は北海道の郷土食。煮ても色が抜けず、煮汁がにごらないので煮込み料理でもよく使われる。

- 北海道紋別郡遠軽町
- 服部 行夫（大正13年）

26

いんげん

もとは優良品種として作られていた隠元豆。芽室町で「姉子豆」、新潟県の妙高周辺で「ささぎ」と呼ばれる豆に似る。新品種の登場により近年は生産する人が急激に減ったが、自家用に生産する農家は未だにいる。

- 北海道河東郡音更町
- 不明

土幌いんげん
とほろ

自家採種歴50年以上。ほかの豆よりも収量が少ないが、莢も子実も美味しいため毎年作っている。煮上がりが早くあっさりとした味が特徴。本別町にも同様の豆を長年作っている方がいる。新じゃがとの煮物は格別。

- 北海道河東郡音更町
- 岡田 恵美子（昭和23年）

緑貝豆
みどりかいまめ

白と黒の模様が特徴的なためこの名前で呼ばれている。メディアで取り上げられたこともあり、近年とても人気のある品種だ。乾燥させた豆はホクホクとした味わいでとても美味しい。乾燥豆だけでなく、若莢でも食べる。

- 北海道常呂郡佐呂間町
- 宇佐 嘉吉（昭和12年）

パンダ豆
シャチ豆、ペンギン豆

27

いんげん

北海道

90才さや豆

90代の男性が数十年に渡り作り続けていた隠元豆。若莢を三平汁に入れると美味しいため作っていた。似た豆に「どじょういんげん」が挙げられるが、それに比べると一回り小さい。小樽市の広瀬商店にて入手した。

- 北海道小樽市
- 小林 繁（故人）

貝豆
開墾豆

網走の農家では「開墾豆」と呼んでいた。これは入植後に畑を切り開き、この豆を播いたことに由来する。道内では未だに自家用に作っている農家が多い。土居さんは祖母よりタネをゆずり受け生産を続けている。

- 北海道千歳市
- 土居 リツ子（昭和9年）

貝豆

ほかの貝豆に比べて一回り大きい。普通は模様が紫色だが、黒色の模様が入っている。自家採種歴は30年以上。三田村家は酪農を営んでいたこともあり、昔から朝食後に牛乳と貝豆の甘煮を食べる習慣をもつ。

- 北海道夕張郡由仁町
- 三田村 ヨシ子（昭和12年）

いんげん

平澤さんが幕別町の知人より入手した豆。莢に実が入っても柔らかく筋もないため、自家用に好んで作っている農家がいる。莢ごと食べる方法が一般的で、さっと湯がき、和え物やお煮〆にして食べる人が多い。

- 北海道中川郡幕別町
- 平澤 キクノ（大正10年）

真珠豆

遠軽町在住の非農家が自家用に作っていた隠元豆。名前の由来は若莢を天ぷらにして食べると美味しいことから。若莢は煮付けや天ぷらにして食べ、子実は乾燥させて煮豆にするのが道内では一般的な食べ方。

- 北海道紋別郡遠軽町
- 村井 ひとみ

天ぷら豆

土蔵さん夫妻が十数年作っている豆。とみ子さんの兄が30年以上前に地元小学校の先生からゆずり受けたらしいが詳細は不明。へその周りに窪みがあり先端は少し凹んでいる。豆にしわがよりやすく栽培が難しい。

- 北海道中川郡本別町
- 土蔵 剛
　　 とみ子

栗豆

いんげん

北海道

栗いんげん

柴田さんの祖母の代から自家採種で作っている隠元豆。食感の良さと美味しさから自家用に作る農家も多い。若莢を湯がいて胡麻和えや酢味噌和えにする。お盆にはお供えのお煮〆として食べる習慣がある。

- 北海道北見市
- 柴田 百合子（昭和7年生）

うずら豆（栽培種）

斑に入ったこの模様がウズラの卵に似ていることから名前がついた。昔から煮豆や甘納豆の豆としてよく利用されてきた。うずら豆の栽培品種には「福粒中長」や「福うずら」がある。でんぷん質が豊富でホクホクした味。

- 北海道中川郡幕別町
- 平譯 優

茶色いんげん

ココア色をした長楕円形の隠元豆。来歴については不明。主に若莢を莢ごと茹でて食べる。残りは乾燥させて、ご飯に入れたりして食べる。小振りでコクのある使いやすい豆なので、地元でも人気がある。

- 北海道紋別郡遠軽町
- べにや長谷川商店

30

いんげん

大手亡(おおてぼう)

ヨーロッパでは、白いんげん豆と呼ばれ家庭料理の材料としても身近。日本では主に白餡の材料として用いられることが多い。明治時代頃に、十勝地方で栽培されたのが由来とされ、かつては広く栽培されていた。

- 北海道紋別郡湧別町
- 片岡 正義

中生白花豆(ちゅうせいしろはなまめ)

紅花隠元の一種。一般的に広まっている中国産の「大白花芸豆」という品種よりやや小さい。皮がやわらかく豆の味がしっかりとしている。白花豆を使ったコロッケが地元では加工品として売られている。

- 北海道紋別郡湧別町
- 佐藤 英二

紫花豆

北海道の紫花豆は関東地方での紫花豆より小振り。きれいな赤い花が咲くので「赤花」と呼ばれることもある。昔から甘煮は人気で、皮がやわらかく煮崩れしにくい。北見地方が全国的な産地として知られている。

- 北海道常呂郡佐呂間町
- 本田 卓

その他

北海道

えんどう豆

日本では珍しい「白えんどう」と思われる。海外では皮をとって半切りにした状態で売られ煮込み料理などに使われる。かつて道内で作付けが試みられたが定着しなかった豆。土居さんは2010年頃から生産している。

- 北海道千歳市
- 土居 リツ子（昭和9年）

えんどう豆

地の色が緑褐色なので「赤えんどう」と思われる。莢は幅広で草丈は150〜170cmまで伸びる。莢を味噌汁に入れて食べるのが一般的。国産の赤えんどうには「北海赤花」があり蜜豆や豆大福、落雁に使われている。

- 北海道小樽市
- 広瀬 光子

紫色のえんどう豆（栽培種）
ツタンカーメンのエンドウ

ツタンカーメンの墓から見つかったといわれているが、近年では間違いとされる。1950年代にアメリカを経由して日本に入ってきた。花と莢は紫色で、子実は濃い赤なのが特徴。ご飯と一緒に炊くとうっすら赤く染まる。

- 北海道千歳市
- 広瀬 光子

北海道で出会った
美味しい豆料理

北海道の豆といえば小豆を
思い浮かべる人が多いでしょう。
ところが、農家は小豆のほかにも
自給用に珍しい在来豆を密かに作っていた。
米がとれなかった昔は、
豆は腹持ちのよいおやつでもあった。

由仁町の三田村ヨシ子さんの「貝豆」の甘煮。三田村さんの貝豆は大粒でベージュと黒の模様がある。

北海道の郷土食ばたばた焼き。「前川金時」の濃厚なコクが決めての甘煮と煮汁が材料。

遠軽町の服部ツルさん（故人）が、砂糖が貴重な時代に食べていた「ビルマ豆」の塩餡入り蕎麦団子。

北見市留辺蘂町に住む柴田百合子さんが作ってくれた「栗いんげん」の甘煮。

柴田百合子さんの白花豆餡。農家の煮豆や餡は販売にまわせないＢ級の豆で作る。

33

コラム

北海道

アイヌに伝わる豆

ヤブマメという道ばたに生えるツル性の豆がある。アイヌ語で「アハ」と呼ばれるこの豆は地上だけでなく、落花生のように根にも小さな豆をつける。北海道に暮らす人のなかには地上の莢にできた豆ではなく、根についた豆を土から掘って採る人がいる。この豆は秋と春の2度収穫することができ、春に収穫する際は前年の秋に枯れたアハの葉や茎を探し、その周りの地面を1～5cmほど掘って収穫する。また、秋にアハを見つけると、場所を見失わないよう印をつける人もいる。そこまでして春に収穫するのは春を感じたいがためである。収穫した豆には黒い薄皮がついているが、その皮はむかずに調理する。春はそのまま食べ、秋に収穫したものは乾燥させて保存食として雑穀と一緒に炊き込んだり、煮たり、蒸したりした後に脂をつけて食べる。アイヌ人のアシリ・しうさんによると、昔はアハを水洗いして乾燥、あるいは塩漬けにして保存し、いなきびや黒豆とともにご飯に入れて炊いたそうだ。かつてはアイヌの人々がよく食べていた豆であるが、今ではその味はおろか、アハの存在を知る人も数名になってしまった。

アハご飯。

平取に住むアイヌのお宅。

コラム

豆の食べ方 1

実を食べる

　なんといっても日本の豆料理といえば煮豆や餡だろう。豆と砂糖の組み合わせは世界広しといえど日本を含むアジア圏だけの調理法。一般的には餡というと小豆のイメージがあるが、ほかに手亡や大福豆で作る白餡や青えんどうで作るうぐいす餡などがある。また、小豆が育ちにくい地域では小豆以外の豆で餡餅やぼた餅、饅頭の餡を作っている。福岡県みやま市と熊本県和水町では赤空豆、瀬戸内海の因島では空豆を小豆餡の代用としている。

　大豆料理といえば煎り豆や打ち豆、きな粉だろう。煎り豆はお米と一緒に炊く煎り豆ご飯が伝統的な食べ方だ。打ち豆は、水で戻した大豆を木槌でつぶし乾燥させたもので、通常の乾燥豆と違いすぐに戻るので使い勝手がよく、炒め物や汁物に入れる。きな粉は餅や団子にかけるのが一般的だが、熊本県南阿蘇ではきな粉と米粉と砂糖を混ぜて蒸し、餅のようにして食べる郷土食がある。

1.赤空豆餡：福岡県みやま市の田尻さんは「赤空豆」を皮ごと煮てからミキサーにかけて裏ごしせずに作る。製法は人それぞれ異なる。2.すだれ小豆の餡たっぷりの餅：岩手県岩泉町の佐々木キノ子さんは米粉で作った餅で餡を包む。3.きなこ餅：熊本県南阿蘇村の後藤やつよさんが作った、蒸かした餅粉に砂糖ときな粉を混ぜて丸めた餅菓子。

The beans in Tohoku Region

多様性にあふれた在来種の宝庫

太平洋と日本海
中央に横たわる巨大な山脈
複雑な地形が生み出した
多種多様な文化と歴史。
この土地に眠る在来種は
未だ未知数である

東北　の豆

小豆

東北

花嫁小豆（はなよめあずき）

独特の斑紋が特徴の小豆。北海道や福岡県など各地で作られているが、もとは福島県二本松周辺の農家が作っていたものと思われる。結婚式などの祝事で食べることがあるが、主に餡にしておはぎやお菓子で食べる。

- 福島県二本松市
- 丹野 喜三郎（昭和16年）

安家小豆（あっかあずき）

八重樫さんが近隣農家の小野寺ハルさん（80代）よりタネをゆずり受けて自家採種を15年以上続けている。もともとは岩泉町の安家江川地区で作られていたもので、それが近隣の地域へと広がっていったと思われる。

- 岩手県下閉伊郡岩泉町
- 八重樫 貴治

晩生小豆（おくてあずき）

一般的な小豆よりもやや角ばった小豆。収穫期が早い方が高値で売れるので新しい栽培品種のほとんどが早生なのに対して、在来小豆は晩生のものが多い。晩生のほうが登熟期間が長く美味しい豆になるとされている。

- 岩手県下閉伊郡岩泉町
- 真ケ口 フミ子

小豆

八重樫さんが地元農家、小野寺善次
郎さん（故人）から15年以上前にゆ
ずり受けた小豆。宮崎県の「畦小豆」
や茨城県の「娘来たか」「娘まだか」
など似た豆が全国各地にある。これ
らは比較的原種に近い品種とされる。

● 岩手県下閉伊郡岩泉町
● 八重樫 貴治

赤すだれ

通常の赤すだれより莢が白っぽい小
豆。八重樫さんが通常の赤すだれを
自家採種していたところ、突然、莢
の白いものが出てきたのでタネを分
けて育てている。莢の色に反して、
味などに大きな違いはないそうだ。

● 岩手県下閉伊郡岩泉町
● 八重樫 貴治

赤すだれ（莢白）

佐々木さんの祖母の代から作ってい
る自家採種歴50年以上の小豆。焦
げ茶に臙脂色の斑紋が特徴で、皮が
柔らかく餡に最適なので作っている。
佐々木家には「ミズキの花が咲いた
ら作ってよい」という言い伝えが残る。

● 岩手県下閉伊郡岩泉町
● 佐々木 キノ子（昭和22年）

すだれ小豆（あずき）

小豆

東北

すだれ小豆(あずき)

佐々木さんの豆と同様。「すだれ」とはこの地方の方言で斑や霜降りの意。換金目的の小豆に対して節約するために昔は作っていた。この地方では餡や赤飯に使われる。佐々木さんは普通の小豆と混ぜブレンド餡を作る。

- 岩手県下閉伊郡岩泉町
- 似合 スミ（昭和9年）

黒すだれ

黒地に濃いグレーの斑紋が入った小豆。赤すだれと同様、霜降り状の模様が入っているこの小豆は害虫や病気に強く、劣悪な環境にもめっぽう強い。皮が柔らかく食べやすいので、この豆の味を好む地元の人は多い。

- 岩手県下閉伊郡岩泉町
- 八重樫 貴治

からす小豆(あずき)

15年ほど前に八重樫さんが岩泉町の直売所で見つけ、以来自家採種している小豆。一般的な小豆に比べて小粒で、地の色が緑褐色のマーブル模様という珍しい模様をもつ。莢は黒く弾けやすい。名前の由来は不明。

- 岩手県下閉伊郡岩泉町
- 八重樫 貴治

小豆

通常の白小豆よりも黒ずんだ白小豆。白小豆は自家採種を続けていると次第に地の色が黒ずんでいく傾向があるが、岩泉町周辺の白小豆はとくにそれが顕著。古くから岩泉町で作り続けられてきた豆という証拠でもある。

- 岩手県下閉伊郡岩泉町
- 新屋 理蔵（昭和8年）
  サヨ（昭和12年）

白小豆（しろしょうず）

長年、自家採種を続けてきた豆。在来の白小豆は数種類にも及ぶ。丹波地方の小豆と同様、黒莢と白莢（普通は緑色）の種類がある。主に餡の材料にするが皮が薄いため漉し餡の歩留まりがよい（餡が多くとれる）。

- 岩手県下閉伊郡岩泉町
- 坂下 昌平（60代）

白小豆（しろしょうず）

八重樫さんが15年以上前に地元農家の小野寺善次郎さんからゆずり受けた莢の白い白小豆。白っぽい莢からとれる白小豆はベージュ色で整った楕円をしている粒が多い。稀に緑色や茶色の粒が混じる。

- 岩手県下閉伊郡岩泉町
- 八重樫 貴治

白小豆（しろしょうず）（莢白）

41

小豆

白小豆（莢黒）
しろしょうず

白莢の白小豆同様、小野寺善次郎さんよりタネをゆずり受け15年以上育てている。莢が白色のものに比べ、緑色っぽいタネが散見される。岩泉周辺では饅頭や団子の餡などハレの日や行事に欠かせない食材であった。

- 岩手県下閉伊郡岩泉町
- 八重樫 貴治

東北

てんこ小豆（角小豆）
あずき

小豆という名前で呼ばれているが大角豆。雄勝地方では赤飯用の豆として昔から使われており、赤飯は各家庭によって好みの味や調理法がある（雄勝地方の赤飯はやや甘め）。莢を天に向けてつけることが名前の由来。

- 秋田県雄勝郡雄勝
- 不明（おがち道の駅で入手）

てんこささぎ

秋田県の「てんこ小豆」と同じ種類と思われる大角豆で、もとは秋田県のある店から購入したものらしい。真ケ口さんの自家採種歴は20年ほど。8月20日頃に収穫する。白米に1割くらい混ぜて一緒に炊いて食べる。

- 岩手県下閉伊郡岩泉町
- 真ケ口 フミ子

大豆

自家採種歴が50年を超える、やや濃いベージュ色の大豆。八重樫さんの祖母の代から味噌用の大豆として作っているが、若莢を枝豆として食べることもある。煮汁がとても美味しく、それをご飯にかけて食べるという。

- 岩手県下閉伊郡岩泉町
- 八重樫 貴治

 大豆

新屋さんが味噌用に数年前から作っている大豆。地元の在来豆か南部白目を自家採種したもの。新屋さんは豆麹と塩で作る豆味噌が好み。この地域は山間地ゆえ米麹は貴重で味噌玉にカビつけする味噌作りが伝統。

- 岩手県下閉伊郡岩泉町
- 新屋 理蔵

 やなぎ葉大豆

中沢さんが自家採種をして20年以上の大豆。「南部白目」という名で藩政時代から特産品として栽培されていたようだ。黒目大豆はへその黒い部分が不純物と間違われるため、白目大豆を味噌や豆腐に使う人が多い。

- 岩手県下閉伊郡岩泉町
- 中沢 トヨ

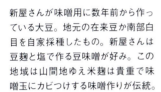

大豆

くるみ豆

山形県を中心に昔から栽培されてきた在来種で中央に模様のある扁平の大豆。主に煎り豆や含め煮に利用される。真室川周辺は白大豆のほか、青大豆や黒大豆、雁喰い豆など様々な在来大豆がある。

- 山形県最上郡真室川町
- 高橋 好子（昭和14年）

青黒（あおぐろ）

通常の青大豆よりも黒みがかった濃い緑色をした黒目大豆。この地方で青大豆は枝豆や打ち豆、正月用に数の子を入れた浸し豆などに使われ、自家用に生産されている。高橋さんの自家採種歴は数十年。

- 山形県最上郡真室川町
- 高橋 好子（昭和14年）

毛豆

津軽地方で代々作られている在来の青大豆の一種。若莢に産毛のような毛がうっすらと生えるのが名前の由来。板柳地区では各家ごとに毛豆を自家採種しており、その種類は非常に多い。枝豆としての需要が主である。

- 青森県北津軽郡板柳町
- 長内 ミエ（昭和4年）
  　　将吾（昭和58年）

大豆

青森県の十面沢地方に住む方からゆ
ずり受けた大豆。長内さんの自家採
種歴は5年ほど。板柳町にも在来の
毛豆があるが、ほかの地域の美味し
い毛豆を自家用に栽培することもあ
る。主に枝豆として食べるられる。

- 青森県北津軽郡板柳町
- 長内 ミエ（昭和4年）
　　将吾（昭和58年）

十面沢の毛豆
（とつらざわ）

弘前市に住む八木橋信行さんが自家
採種をして35年以上の黒目青大豆。
青森毛豆研究会が主催する「毛豆コ
ンテスト」の2013年グランプリを受
賞した毛豆。そのタネを長内さんが
ゆずり受けて自家採種を続けている。

- 青森県北津軽郡板柳町
- 長内 ミエ（昭和4年）
　　将吾（昭和58年）

やぎはし豆

鮮やかな青色をした外見と濃厚な甘
みが特徴の青大豆。在来青大豆と
同様に晩生で、山間地の栽培に適し
ているようだ。茹でた大豆を甘醤油
につける東北地方の郷土食「浸し豆」
はこの濃い緑色の大豆を使う。

- 岩手県下閉伊郡岩泉町
- 真ケロ フミ子

岩手緑
（いわてみどり）

45

大豆

青平豆（あおひらまめ）

八重樫さんが岩泉町の中沢トヨさんよりタネをゆずり受けた大豆。岩泉町の70代以上の農家はこの豆を使って東北の郷土食「豆しとぎ」を作る。祝儀用の料理として、塩ゆでした青平豆の大根おろし和えがある。

- 岩手県下閉伊郡岩泉町
- 八重樫 貴治

東北

青ばこ豆

平楕円形で斑模様が入った大豆。収量は少ないが病気に強い。お正月のなますに入れたり、煎ったこの豆に砂糖をまぶして食べる。この地方では「青ばこ」は青大豆のことを指す。高橋さんの自家採種歴は20年以上。

- 山形県最上郡真室川町
- 高橋 好子（昭和14年）

馬のかみしめ

青ばこ豆によく似て扁平で緑色をした地に薄緑色の斑模様としわのような筋が入る。その模様が馬の歯形に見えることが名前の由来。正月の浸し豆や嫁取りの宴に出す一品として山形では古くから利用されていた。

- 山形県長井市
- 遠藤 マサ（故人 昭和4年）
  孝太郎（昭和27年）

大豆

七里香ばし（しちりこうばし）

真室川周辺で昔から作られている在来の青大豆。北海道の「鞍掛豆」に模様はよく似る。名前は豆の香りが七里先からでも香ってくることに由来するようだ。高橋さんは自家採種を続けて数十年ほど。

- 山形県最上郡真室川町
- 高橋 好子（昭和14年）

小っ黒豆（こっくろまめ）

岩泉町の農家よりタネをゆずり受けた小粒の黒大豆。「黒千石大豆」と比べると大粒で、内の実は緑色。昔からきな粉の材料で、大粒の黒豆が出回る前までは豆しとぎの豆として青大豆とともに使われてきた。

- 岩手県下閉伊郡岩泉町
- 八重樫 貴治

黒大豆

合角地さんは自家用に黒大豆だけでなく白大豆や青大豆、小豆、金時豆を栽培している。中でも黒大豆は正月の煮豆に欠かすことができない食材として重宝しているようだ。金時豆は赤飯の豆に使っているようだ。

- 岩手県下閉伊郡岩泉町
- 合角地 カヤ（昭和2年）

大豆

雁喰豆（がんくいまめ）
黒平大豆

盛岡市玉山区で自家採種されてきた岩手県「玉山在来」系統の黒平豆。粒が不揃いなうえ、未熟豆が多いなどの理由で作り手は減少。表面にあるしわが煮豆の皮切れを防ぎ、特有の食感と旨味からファンは多い。

- 岩手県下閉伊郡岩泉町
- 合角地 カヤ（昭和2年）

東北

大黒豆（おおくろまめ）

一般的に「雁喰い」とも呼ばれている黒大豆。扁平で表面にミミズ腫れのようなしわがある。この地域では、枝豆や打ち豆、黒豆煮、なますなど幅広い料理に使われている。特に大黒様のお歳夜には必須の豆である。

- 山形県最上郡真室川町
- 高橋 好子（昭和14年）

五葉大豆（ごようだいず）
いづつっぱ豆

読んで字のごとく小葉が5枚つくのが名前の由来。東北地方の在来豆で白と黒の2種類ある。甘みが強く枝豆用として作られ、特に薄皮が美味しい。完熟すると皮が破れるので煮豆に向かないが、きな粉には適する。

- 詳細不明
- （財）広島県ジーンバンクで入手

いんげん

「赤ささぎ」とも呼ばれる金時豆。主に煮豆に使われるが、真室川地方ではお盆の時期など、お墓の供養台に供える「おふかし」というおこわに金時豆を入れることがある。自家採種歴は80年以上。

- 山形県最上郡真室川町
- 高橋 好子（昭和14年）

金時豆
赤ささぎ

生前母親からタネを絶やさぬようにと言い伝えられ、自家採種を70年以上続けている金時豆。同じく妹の林妙子さんもタネを受け継いで栽培している。坂本家では未だに脱穀は手作業でおこなっている。

- 青森県三戸郡南部町
- 坂本 貞子（昭和12年）

金時

ささぎとあるが、いわゆる一般的な金時豆と思われる。明るい赤色をした金時豆で、北海道で生産されている金時豆よりも一回りほど小さいが詳細については不明。

- 福島県会津美里町
- 桜井 泰子

金時ささぎ

49

いんげん

ささぎ豆

大粒で地の色が紫色の隠元豆。北海道の「前川金時」に酷似しているが来歴などは不明。福島県では隠元豆のことを方言で「ささぎ」と呼んでいる。玉川村は昔から隠元豆の栽培が盛んで種類も豊富。

- 福島県石川郡玉川村
- 小林 イツ

紅虎豆

北海道の「虎豆」に似た白と紅色の偏斑紋の隠元豆。高橋さんが北海道かどこかの虎豆をタネにして栽培していたところ、突然この豆ができたので、それ以降作りついでいる。自家採種歴は5年ほど。

- 山形県最上郡真室川町
- 高橋 好子（昭和14年）

あけえ豆

模様は北海道の「紅絞り」によく似た隠元豆。長内さんは豆の色から名前をつけることが多いが、「あけえ」は方言で赤いという意味。「ささぎ」と呼ばれている、この豆に似た豆を日本各地の農村で見かける。

- 青森県北津軽郡板柳町
- 長内 ミエ（昭和4年）

東北

いんげん

固有名詞はなく「ささげ」と呼ばれる隠元豆。長内さんは自家採種をして30年以上たつが来歴は不明。若莢は味噌汁や和え物、炒め物にして食べる。乾燥した子実を煮豆で食べることはなく、主に野菜としての需要。

- 青森県北津軽郡板柳町
- 長内 ミエ（昭和4年）

ささげ

換金作物である小豆の代用品だったと思われる。カボチャと合わせた煮物や小豆とのブレンド餡をつくる農家がいる。近隣の佐々木さんは餡を2、3時間水にさらしてから砂糖を加えて練る「さらし餡」が好みである。

- 岩手県下閉伊郡岩泉町
- 似合 スミ

ビルマ豆

茶色の地に紫の斑紋のあるカシューナッツ状の隠元豆。甘煮や豆納豆、甘煮の天ぷら、豆ご飯、赤飯で食べる。佐藤さんは実家も婚家も代々農家で微生物や自然の資源を利用した伝統的農業を営んでいる。

- 山形県最上郡舟形町
- 佐藤 三重子（昭和14年）

おたふくいんげん

51

いんげん

ささげ

ささげとあるが、北海道の「うずら豆」の栽培種によく似た隠元豆。用途は煮豆と思われるが詳細や出どころは不明。会津若松市内の道の駅にて販売されていた。

- 福島県会津若松市
- 深谷 信也

東北

漆野いんげん
（うるしの）

昭和40年代に荒木さんが炭の検査員からタネをゆずり受け、以来作り続けている隠元豆。乾燥豆だけでなく莢も煮て食べる。莢は煮ると中の実が透き通って見える。乾燥させて白っぽくなった莢はそのまま保管する。

- 山形県最上郡金山町
- 荒木 タツ子（昭和16年）

弥四郎ささぎ
（やしろう）
茶ささぎ、土用丑ささぎ

名前の由来は近隣集落の佐藤弥四郎さんが長年生産していたため。播種用と食用に年2回に分けて播種し、早く播いても遅く播いても美味しい豆として地元では昔から作られていた豆であるが、消滅の一途をたどる。

- 山形県最上郡真室川町
- 髙橋 好子（昭和14年）

52

いんげん

ささぎ

固有名詞がなく「ささぎ」とだけ呼ばれている皮の薄い白い隠元豆。おそらく若莢で残った豆を乾燥させて煮豆で食べるのが習わしかと思われる。

- 岩手県下閉伊郡岩泉町
- （株）岩泉産業開発

小粒ささげ

北海道の「マンズナル」の小粒版と思われる。ささげとあるが白い隠元豆。煮豆にすると皮がやわらかいのですぐに煮える。この手の皮の薄い白い隠元豆は日本各地で自家用の豆として珍重されているようだ。

- 青森県北津軽郡板柳町
- 長内 ミエ（昭和4年）

在来大福豆（みどりささぎ）

北海道の大福豆同様、扁平の煮ると皮がやわらかい隠元豆。高橋さんは親戚からタネを入手して、昭和のはじめ頃から作っている。地元では煮豆用の豆として数種の隠元豆を栽培しているようだ。

- 山形県最上郡真室川町
- 高橋 好子（昭和14年）

いんげん

東北

七夕白ささぎ
(やっこい豆)

名前の由来は播種の時期から。7月10日頃に播種するが、早く播いても実にならないそうだ。若莢の炒めものはコクがあって美味しい。皮はとけるように柔らかく、莢も子実も美味しいため、昔から珍重されている。

- 山形県最上郡真室川町
- 高橋 好子（昭和14年）

あずき豆

名前の由来は小豆と同じように甘く煮て食べるため。詳細は不明だが、将吾さんが幼いときにはすでに作っていたので自家採種歴は30年を超える。若莢は食べずに、子実を甘く煮て食べるのが一般的。

- 青森県北津軽郡板柳町
- 長内 ミエ（昭和4年）
  将吾（昭和58年）

東北で出会った
美味しい豆料理

東北地方は、ほかの地域と比べて
青大豆の種類が多い。
青大豆を甘醤油に漬けて食べる
浸し豆が郷土食として知られているが、
青大豆以外の豆も
毎日の食卓には欠かすことができない。

岩手県岩泉町の味噌をまぶしたおにぎり（写真奥）と豆しとぎ（写真前）。豆しとぎは米粉と大豆でつくる東北の郷土食。

岩手県岩泉町名物の「豆腐田楽」。専用の竹串に刺し、ニンニク味噌をつけて焼いて食べる。

板柳町の長内家では豆しとぎを油で焼き、おやき風にアレンジしている。本来は大豆以外火を入れない。

茹でた黒豆を海水ほどの濃い塩水に漬け発酵させた「醤油豆」。昔は醤油の代わりに使っていたという。

「馬のかみしめ」を素揚げして白玉粉、味噌、砂糖、くるみ、ゴマ、豆腐を加え味付けされた「みそ揚げ」。

コラム

豆味噌

岩泉町で暮らす新屋さんは自分で育てている黒豆に自家製の麹をつけたお手製の豆味噌を作っている。私がお宅にうかがったときに見せてくれたのは9年ものの豆味噌。匂いを嗅いでみると鼻を突く強烈な発酵臭……。しかし、その匂いとは裏腹に味噌汁など料理にこの味噌を使うととっても美味しくなる。海外取材に行った際、中国の東北部の農村部でも同じように鼻が曲がるほどの強烈な匂いの味噌を見かけたが、これは陶器でできた大きな瓶を直射日光の当たるところに置き、ガラスの蓋をして保管していた。

青森県の毛豆文化

青森県の津軽地方には「毛豆の漬物」という郷土食があり、毛豆を乳酸発酵させ酸味をつけた漬物と浅漬けの2種類ある。また、北津軽郡に住む長内さんは乾燥させた毛豆を煎って、一升瓶で豆の皮をこすり取ったのち、もち米に醤油を加え毛豆と一緒に炊くおこわのようなご飯を食べている。この地方ではこれを「お赤飯」と呼んでいる。新潟県の一部地域でも同様に醤油の入ったおこわをお赤飯と呼んでいたが、豆の名前と同様、料理名も地方によって様々な呼び名が存在している。

東北

コラム

豆の食べ方 2

莢(さや)を食べる

　在来豆のなかでは隠元豆の仲間がもっとも種類が多いとされているが、その理由は若莢の美味しさが理由だろう。一般的に「さやいんげん」と呼ばれる隠元豆の若莢は、筋がないうえに煮るとむっちり、とろりとしているのでお煮〆や和え物、炒め物に天ぷらといろいろな料理に使うことができる。若莢が旬を迎えるお盆頃には、お供え物として隠元豆の莢を使ったお煮〆が定番になっている。農家の自家用の畑でつるを巻いた作物をよく目にすることがあるが、これらは莢豆で食べるための隠元豆であることが多い。

　通常、莢を食べるのは莢が青々としている時期。乾燥させた莢を食べる場合は莢の中から実を取り出し、実だけ食べるのが一般的。ところが、乾燥させた莢豆を莢ごと煮て食べる地域がある。岐阜県の「桑の木豆」と山形県の「漆野いんげん」はカラカラに乾燥させたものを莢ごと煮ておかずとして食べている。この豆は皮が薄く、煮るととろけるような柔らかさになる。これらの地では欠かせない料理のひとつだ。

1.若莢の隠元豆（さやいんげん）を茹でて、味噌をつけて食べるのは全国的な食べ方だ。2.桑の木豆の煮物。3.漆野いんげんの煮物。桑の木豆、漆野いんげんともに乾燥した莢を水で戻して薄味で甘辛く煮て食べる。

The beans in Kanto-Chubu Region

多くの人が住む首都圏近郊では
暮らしに密着した豆が。
一方で都市部を離れると
個性豊かな豆であふれている。

人々の暮らしに密着している豆文化圏

関東／中部の豆

小豆

小豆

通常の小豆よりも黒みを帯びた早生の小豆。菊田さんが1972年に大田原市に移り住んだときに、近隣の農家からゆずり受けた小豆。菊田さんはこの小豆とパンダ豆を玄米に入れ、豆ご飯にして食べている。

- 栃木県大田原市
- 菊田 万里子（昭和20年）

野生小豆

ヤブツルアズキ、ばかそ

関東・中部

小豆の野生種は日本各地で見られるが小粒ゆえ探すのは非常に難しい。福岡県や熊本県では「ばかそ」とも呼ばれる。繁殖力旺盛で道路脇や田畑にも繁茂する。福岡県みやま市では煮豆を「打ち込み」と表現していた。

- 埼玉県比企郡小川町
- 不明（沓澤有美さんが入手）

野良小豆

濃いグレー色の地にうっすらと斑模様が入っている。一般の小豆に比べて小粒なことから小豆の野生種と思われる。酒枝さんはヤブツルアズキ（野生種）を10種類近く栽培している。自家採種歴は約10年ほど。

- 東京都西多摩郡檜原村
- 酒枝 尚雄（昭和14年）

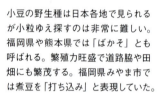
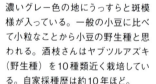

小豆

小豆と呼んでいるが大角豆と思われる。田中さんが近所のおばあさんからタネをゆずり受けて5年ほど前から作っている。7月10日頃にタネを播き8月のお盆に若莢を収穫。残った豆は乾燥させ仏事のおこわに入れる。

- 茨城県那珂市
- 田中 ハツエ（昭和22年）

白黒小豆

見た目は一般的な大角豆、田中さんは2種類の赤い大角豆を自給している。この「ささげ」はお盆頃に収穫でき、収穫した新豆をおこわや赤飯にして食べる習わしがある。自家採種歴は数十年。

- 茨城県那珂市
- 田中 ハツエ（昭和22年）

ささげ

名前の由来は霜の降りる頃に収穫できるため。一般の大角豆より大粒で播種・収穫時期が遅く、7月10日頃に播くので虫の被害が少ない。田中さんは近所の女性からタネを入手し、20年以上自家採種している。

- 茨城県那珂市
- 田中 ハツエ（昭和22年）

霜降りささげ

61

小豆

赤いささげ

常陸太田市周辺の農家で古くから作られきた赤みの強い大角豆。この赤色が縁起良く、昔はお祭りなど祝事の料理に主に使われていたが、最近ではささげご飯などにして日常的に食されているようだ。

- 茨城県常陸太田市
- 柳橋さん（折橋直売所で入手）

ささげ

見た目はごく一般的な大角豆だが、赤みが強い。椎名さんが子どもの頃から祖母が作っていたので自家採種歴は50年以上。主に赤飯に入れて食べている。虫に食べられることはあっても病気にかかることは少ない。

- 茨城県稲敷郡阿見町
- 椎名 誠一

関東・中部

ささげ

根岸さんが60年以上前に嫁いだときにすでにあった大角豆。長年、自家採種をしているが粒の大きさは変わらず、病害を受けたこともないそうだ。根岸家では毎月1日と15日に赤飯にこの豆を入れて炊いて食べる。

- 神奈川県高座郡寒川町
- 根岸 君子（昭和6年）

大豆

大豆

菊田さんが近所よりタネを入手した白目大豆。菊田家では味噌や豆腐を自家製で仕込むのでこの豆は欠かせないそうだ。栃木県の郷土料理「しもつかれ」の材料としても在来大豆は重宝されている。

- 栃木県大田原市
- 菊田 万里子（昭和20年）

大白大豆（おおじろだいず）

片品村の在来大豆。戦前までは販売用によく栽培されていたが、昭和30年頃から輸入大豆に押されて生産量を落としていた。近年、地域おこしの一貫として様々な商品化が進んでいる。蒸すとおいしい大豆である。

- 群馬県利根郡片品村
- 須藤 カヲル（昭和2年）

借金なし

秩父地方に古くから伝わる在来中生大豆。中粒で茶色の芽が特徴。借金が返せるほど多収であるというのが名前の由来とされる。ショ糖含有量が8％とほかの大豆よりもやや多いので甘味の強い大豆といえる。

- 埼玉県秩父郡小鹿野町
- 黒沢 一男（昭和15年）

大豆

鑾野大豆 (すずの)
おとうちゃんの豆

都内唯一と思われる在来大豆。高橋さんの姑の代から作られており自家採種歴は65年以上。名前は鑾野御前神社という神社にあやかり高橋さんが命名したもの。独特の旨味がありとても食べやすい。

- 東京都西多摩郡檜原村
- 高橋 ハツヱさん (昭和15年)

津久井在来 (つくい)

比較的認知されている豆だが、もとは相模原市の千木良地域で味噌や醤油の原料にするため自家用で作ってきた晩生系の大豆。戦後間もない頃、農家は行商の豆腐屋さんの豆腐と大豆とを物々交換していたという。

- 神奈川県相模原市
- 相模湖大豆の会

青山在来

横田さんの祖父の代から作っていた大豆。小川町周辺では「こさ豆」と呼び、条件の悪い場所でも育つ豆として昔から知られていた。糖質25%と甘みがとても強い。小川町では現在20〜25町の作付けがされている。

- 埼玉県比企郡小川町
- 横田 茂 (昭和26年)

関東・中部

大豆

扁平で表面に同系色の模様が入った大豆。山形県の「馬のかみしめ」や最上地区の「青ばこ豆」に似るが、地の色は薄黄緑色。名前の由来は不明だが、一般的には十六寸豆というと西日本の「大福豆」を指す。

- 長野県小県郡青木村
- 金井 邦子

十六寸豆
とろくすん

上越市の吉川地区で長く作られてきた小粒の青大豆。名前からわかるようにきな粉の原料にするのでこの名前がついたとされる。新潟県の別の地域でもきなこ豆と呼ばれている青大豆を見かけることがある。

- 新潟県上越市
- 山本 秀一

きなこ豆

地の色が黒みを帯びた青大豆。この豆を水で戻して、湯がき醤油をつけて食べるのが名前の由来。黒沢家は8月に煎り大豆と麦麹で自家製のなめ味噌を作っている。以前は麦麹製造専用の麹むしろを長年使っていた。

- 埼玉県秩父郡小鹿野町
- 黒沢 一男（昭和15年）

湯がき豆

65

いんげん

関東・中部

ぶどう豆

濃い紫で球形が特徴的な隠元豆。入澤さんが近隣の友人からタネをもらい少量生産ながら自家採種を5年ほど続けている。煮豆にして食べることもあるが片品村周辺では乾燥豆を赤飯に入れて食べることがある。

- 群馬県利根郡片品村
- 入澤 篤子（昭和13年）

地ブロウ

北海道の「前川金時」に似た隠元豆。自家採種を続けて80年以上。5月にタネを播き若莢も食べる。この豆に代表されるように、地域によってはこの手の隠元豆のことをフロウやブロウ、フロと呼ぶことがある。

- 群馬県利根郡片品村
- 須藤 カヲル（昭和2年）

雪割豆

一般的な金時豆よりもやや小粒の隠元豆。柔らかく煮えるのが特徴で赤飯や煮物にして食べる。まだ雪が残る4月にタネを播くことが名前の由来。8月のお盆前に若莢を収穫して、子実は乾燥させて保存する。

- 新潟県中魚沼郡河南町
- 保坂 ヨネ（昭和7年）

いんげん

とら豆

虎豆と似ているためこの名前がついたと思われるが、模様がやや異なり、へその周りに模様が入るのが特徴。この豆のように自家採種を続けているとへそのまわりから濃い色に変色したり模様が入っていくことが多い。

- 長野県下水内郡
- ㈲田舎工房物流センター

桑の木豆

山県市周辺で昔から作られてきた。若莢で食べたり、莢ごと乾燥させ食べるときに莢ごと煮る。養蚕が盛んだった頃に農家が桑の木につるを這わせて育てていたのが名前の由来。現在は桑の木で作る農家は1軒のみ。

- 岐阜県山県市
- 藤田 辰雄（昭和3年）

桑の木ブロウ

「桑の木豆」と酷似するが桑の木豆よりも一回り大きく、地の色は薄い。豆だけでなく若莢も食す。自家採種歴80年以上で、戦前養蚕が盛んだった頃、桑の木につるを巻きつかせて作っていたのでこの名前がついた。

- 岐阜県山県市
- 萩原 タエ（昭和6年）

67

いんげん

貝豆

星野さんが北海道からタネを入手してつくりはじめたらしい。北海道ではよく広く生産されているが関東近辺では貝豆をあまり見かけない。

- 群馬県沼田市
- 星野 玲子

関東・中部

いんげん豆

北海道の赤中長と似た、ベージュの地にローズピンク模様の隠元豆。黒沢さんの自家採種歴は30年を超える。完熟期がバラバラなので収穫に手間がかかるうえ、味にもばらつきがあるが黒沢さん好みの豆らしい。

- 埼玉県秩父郡小鹿野町
- 黒沢 一男（昭和15年）

ささぎ

固有名称でなく「ささぎ」と呼ばれているので隠元豆と思われるが詳細は不明。白地で、へそのまわりにうずら豆や虎豆のような斑紋があるのが特徴。妙高周辺では昔からある豆らしいが出どころは不明。

- 新潟県妙高市
- 今野 眞生

いんげん

ささげ豆

カシューナッツをひとまわり小さくした形の隠元豆。茶色に白の偏斑紋の豆は全国的にもとても珍しい。沓澤さんが長野県の道の駅で見つけたもので、用途はおそらく煮豆と思われるが詳細は不明。

- 長野県小県郡青木村
- 不明（沓澤有美さんが入手）

八房いんげん

埼玉県在来の隠元豆。元々は薄いピンク色をしていたようだが、栽培していくなかで薄い紫や茶色になったらしい。古くから埼玉県内で栽培されていた品種なので、小川町でも比較的育てやすいようだ。

- 埼玉県比企郡小川町
- 横田 茂（昭和26年）

うずら豆

柿島家の自家採種歴は100年を超える。最近のうずら豆に比べてホクホクしないのが特徴。身延町周辺は小豆だけでなくうずら豆の甘煮を赤飯に入れる習慣がある。7月15日頃、祭りのときに、この豆の煮豆を食べる。

- 山梨県巨摩郡身延町
- 柿島 初子（昭和4年）

69

いんげん

関東・中部

パンダ豆

大田原市に移り住んだ1972年頃、地元のおばあさんからタネをゆずり受けて以来自家採種で作り続けている。煮豆やご飯に入れて食べる。自家用なので莢の中の豆が乾燥した順に手作業で摘み取って収穫する。

- 栃木県大田原市
- 菊田 万里子（昭和20年）

大滝いんげん

繊維が透き通って見えるほど皮が薄い隠元豆。大滝集落で昔から作られている豆で、千島家では先祖から美味しいうえに長期間収穫できるので絶やさずに作るようにとの言い伝えが残る。自家採種歴は70年を超える。

- 埼玉県秩父市
- 千島 貴（昭和15年）

白たまご

地の色が透き通るように白い球形の隠元豆。卵に似ているのが名前の由来と思われる。早く煮えるうえ、美味しいこの豆は昔から慶事、仏事両方の料理で使われ、今も飛騨市の山間部で、自家用に細々と作られている。

- 岐阜県飛騨市
- 清水 利子（昭和21年）

いんげん

世界一
ぺっちゃりささぎ、ぺちゃんこ豆、ぺちゃ豆

安原さんが自家採種をはじめて30年、もともとはお姑さんが作っていたので自家採種歴は50年を超える。妙高地域では50年以上前から作られているそうだ。煮豆にすると早く煮えるというので年輩女性のファンは多い。

- 新潟県妙高市
- 安原 フジコ（昭和14年）

紫花豆

北海道の在来「紫花豆」よりもひとまわり大きい。北海道から持ち込まれたタネで栽培がはじまったとされる。安原さんは自家採種歴15年ほど。大粒の煮豆は観光土産として有名だが、自家用でも煮豆で食べる。

- 新潟県妙高市
- 安原 フジコ（昭和14年）

花ブロウ

群馬県の紫花豆は粒が大きい傾向がある。もとは北海道の紫花豆のタネを持ち込み、それが群馬県で在来作物になったようだ。煮豆が主な食べ方であるが、片品村ではボリュームのある美味しい豆パンが売られていた。

- 群馬県利根郡片品村
- 須藤 カヲル（昭和2年）

その他

つる赤なた豆

「なた豆」と呼ばれているが、隠元豆。北海道の「前川金時」によく似る。若莢はお煮〆にし、子実は赤飯に使う。7月上旬にタネを播く。支柱がなくても育てられるが、支柱があるほうが皮がやわらかい豆になる。

- 茨城県常陸太田市
- 菊地 しづゑ（昭和5年）

関東・中部

赤飯ささげ

ささげと呼ばれているが茶色のエンドウと思われる。妙高市新井新田付近の農家では昔からこの豆を作って赤飯にしていたらしい。新潟県では、赤くないおこわのことを赤飯と呼ぶ地域があるがそのひとつ。

- 新潟県妙高市
- 笹川 春雄

ぼこ豆

長岡市周辺の在来落花生。平岡さんは小地谷地方の人からタネを入手して作り続けている。1つの莢に4粒の豆が隙間なく入ることがあり、通常の落花生に比べてやや小さい。煎っても、塩ゆでして食べても美味しい。

- 新潟県長岡市
- 平岡 タミ（昭和8年）

72

関東・中部で出会った美味しい豆料理

関東近郊では地域おこしの一貫として
企業や行政が関与して
在来豆の知名度向上を図っている。
そのおかげもあり道の駅や直売所などの
レストランでも在来豆料理が食べられる。

片品村の後藤カヲルさんの火鉢で煮る紫花豆の甘煮は大粒なのにとろけるようにやわらかく絶品だった。

栃木県大田原市の菊田万里子さんは小豆や大豆、パンダ豆を入れた豆ご飯をよく食べている。

茨城県常陸太田市のたがね餅。半殺しの餅米に下茹でした大豆と青のりが混ぜてある。

神奈川県寒川町の根岸君子さんの赤飯。関東周辺では大角豆を入れた赤飯が一般的である。

岐阜県山県市の直売所で食べることができる桑の木豆ご飯。乾燥した莢ごと米と一緒に炊く。

コラム

しもつかれ

　「しもつかれ」とは栃木県を中心に広まっている伝統的な郷土料理。魚や野菜、豆を大根おろしと混ぜた料理で、その味や作り方は家々によって異なる。栃木県の「塩谷在来」という大豆を使ったしもつかれを作ってくださった80代の鷹箸シズコさんのお宅では、まず大根を鬼おろしですり、塩鮭の頭を炙ってから湯通しする。そして、大根おろしに、先の塩鮭、野菜、油揚げ、酒粕、煎った大豆を加えていく。味付けは塩鮭の塩分で調整する。温かくして食べる方法と、冷たくして食べる2つの食べ方があるが、熱々をご飯にかけると絶品。

山間部の豆事情

　岐阜県の山間部で作られている「桑の木豆」には珍しい食べ方がある。乾燥させた莢をそのまま煮て食べるという方法で、山形県の山間地でも同様の食べ方をしている。日本以外ではポルトガルでも同様の食べ方をしている地域があった。昔は日本もポルトガルも山間地は交通の便が悪く、モノの行き来が困難だったために日持ちする保存食は貴重であった。豆の子実だけでなく、莢までも乾燥させて食べなければならなかったほど食糧が不足しており、その確保に心を砕いていたのではないかと思われる。

関東・中部

74

コラム

豆の食べ方 3

発酵させる

　豆の発酵食といえば大豆でつくる味噌や醤油、納豆が有名だが、変わり種としては青森県の毛豆の塩漬けや北海道大沼町近郊のツケ豆がある。どちらも枝豆の漬物で、食べるときに莢から実を取り出して食べる。発祥は東北地方とされ、北海道のツケ豆は青森県や秋田県などから持ち込まれたと考えられる。岩手県岩泉町には醤油豆という黒豆に白カビを付着させ、海水くらいの濃度の塩水に漬けた発酵食がある。昔は醤油のかわりに使っていたそうで、北上山地に位置するこの地域は寒さが厳しく米はおろか麦もあまり採れないため醤油が手に入りにくく、醤油の代用として醤油豆が利用されていたのだろう。また、この地域では味噌も米麹や麦麹を使わない豆味噌が主。沖縄県読谷村では大豆が採れないので身土不二、在来空豆の味噌をこしらえていた。このように全国各地で豆は昔からいろいろな方法で発酵させ食されてきた。

1.毛豆の塩漬け：青森県では一般的に食べられている毛豆の発酵食。
2.ツケ豆：通常の枝豆と同じように、莢から実を出して食べる。3.丹波黒さや大納言の味噌：小豆を使った味噌は珍しい。新しい発酵食として開発された。

The beans in
Kinki-Chugoku-Shikoku Region

気品ある伝統の豆と野性的な豆

古都ゆかりの歴史ある
伝説の豆をもった京都周辺の里
対して離島を多く有する中国・四国は
島固有の野性味あふれた豆をもつ。
伝統と野趣が
入り混じった地ならではの
個性あふれる
在来種が散在する

近畿/中国・四国 の豆

小豆

美方大納言（みかたダイナゴン）

美方郡香美町で昔から作られてきた大粒の小豆。昭和の中頃に名前がつけられたとされる。野生種を改良したものか、外から持ち込まれた品種なのか由来は不明。風味があり煮崩れしないので和菓子に向いている。

- 兵庫県美方郡新温泉町
- 長谷坂 栄司（昭和9年）
  繁野（昭和18年）

丹波黒さや大納言（たんばくろさやダイナゴン）

完熟すると莢は黒く、粒は赤黒くなる小豆。品種改良の流れで絶滅しかけたが丹波市春日町（大納言発祥の地ともされている）で復活。煮上がりがとてもやわらかく、とても美味しいので柳田家では昔から作っていた。

- 兵庫県丹波市
- 柳田 隆雄（昭和11年）
  明子（昭和17年）

馬路大納言（うまじダイナゴン）

亀岡市馬路町でのみ数百年に渡り代々作られてきた。平安遷都(794年)の頃には馬路の豪族がこの豆を宮中へ献上していたとされている。人見さんは数百年続く農家で販売用と自家用に毎年欠かさず作っている。

- 京都府亀岡市
- 人見 幸子（昭和6年）
  畑 敏子（昭和17年）

小豆

薦池大納言 （こもいけだいなごん）

細長で通常の大納言よりも大型、荷崩れせず香りが良いのが特徴の小豆。和田さんの祖父が久美浜町のお祭りでもらった豆を薦池集落で育てたところ大粒で良質な小豆になったので代々、薦池集落で作り継がれてきた。

- 京都府与謝郡伊根町
- 和田 美伎子さん（昭和6年）

ゴキネブリ （ごきねげ）

色と斑紋が特徴的な小豆。名前の由来は「ごき」が器、「ねぶり」は舐める、という広島の方言で、器についた餡を舐めてまで食べるほど美味しいという意味。お赤飯やぜんざい、餡にして食べる。自家採種歴70年以上。

- 広島県広島市安佐北区
- 広本 文子さん（昭和19年）

陰小豆 （かげあずき）

鶉木在来

普通の小豆よりやや大きく黒い小豆。名前の由来は日陰でも収量があり、救荒作物として栽培されていたためと思われる。よく似たものに、茨城県の常陸太田市で栽培されている「だにあずき」があるが詳細は不明。

- 不明
- （財）広島ジーンバンクで入手

79

小豆

さむらい豆
サムライ、シロクロ、ホウカブリ豆

侍のちょんまげを連想させる白地に黒い斑紋の大角豆。呉市蒲刈町一帯では昔から栽培され、大正末期頃よりカンコロ飯や赤飯を炊くのに使用されている。栽培しやすく通常の小豆より多収量だが味はやや落ちる。

- 広島県呉市
- 殿川 正雄
  （広島ジーンバンクで入手）

ぶどう小豆
走島在来

名前の通り、ブドウ（マスカット）色をした小粒の小豆。備後灘に浮かぶ小さな島、走島で昔から栽培されている珍しい豆。味は普通の小豆に比べると少し落ちるとのことで、現地では粥に入れて食べている。

- 京都府福知山市
- 高橋 あやこ
  （広島ジーンバンクで入手）

近畿・四国

ぶんず
文豆（ぶんどう）

国産では非常に珍しい緑豆。島に人が住むようになってから作られたと思われるが詳細不明。緑豆はもやしや春雨の原料とされるが、飛島では甘く煮て餡や汁粉、おこわや粥に入れて食べる。自家採種歴は100年以上。

- 岡山県笠岡市 小飛島
- 山河 菊乃（昭和24年）
  上野 キヨミ（昭和17年）

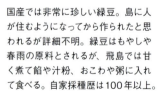

大豆

兵庫県在来大豆8系統の1つ。扁平、へそが黒目の青大豆で、ほんのりとした甘さが特徴。約30年前、この豆が絶えるのを危惧した農業改良普及センターの職員が地元農家の福田さんに栽培依頼したことで今に残る。

- 兵庫県養父市
- 島垣 晃（昭和19年）

八鹿浅黄（ようかあさぎ）

地が緑色で「鞍掛豆」に似た大豆。中央の黒い模様の入り方がギザギザとしているのが特徴。これはウイルスによるものと推察される。兵庫県産黒大豆の「丹波黒」系の大豆はウイルスにかかりやすい。

- 兵庫県加西市
- 前田 重寛

青丹生（あおたんせい）

極晩生大粒の黒大豆。古くは但馬東町で衣川さんの母が田んぼの畦豆として作っていたもので、そのタネを森垣さんがゆずり受けコウノトリの保護活動の一環として活用。今では生産量を増やし、加工品も開発されている。

- 兵庫県豊岡市
- 森垣 哲男（昭和18年）
  衣川 清喜（昭和21年）

黒鶴（くろつる）
但馬東町在来大豆

大豆

丹波川北黒大豆
（たんばかわきたくろだいず）

「丹波黒」の親に当たる在来の黒大豆。篠山周辺は昔から地力のある土地と知られ、黒豆や稲、大麦の輪作体系をとっている。山本さんは丹波篠山黒大豆ブランドを作るために自家採種を50年以上続けている。

- 兵庫県篠山市
- 山本 博一（昭和14年）

丹波黒
（たんばくろ）

兵庫県丹波地方発祥の極大粒な在来黒大豆の総称。広島に住む広本さんはタネを兄からゆずり受け自家採種を3年ほどしている。兄は丹波からタネを入手したとのこと。黒豆は毎年お正月の煮豆用に作っている。

- 広島県広島市安佐区
- 広本 文子（昭和19年）

オオツル（栽培種）

関東や東海、近畿で作付けされている栽培種の白目大豆。大粒で見た目も良く裂皮しにくい。煮豆や豆腐、味噌など加工品に好適。人見さんらのグループでも味噌の原料にするために作っている。

- 京都府亀岡市
- 畑 敏子（昭和17年）

近畿・四国

大豆

丸い赤暗紫色でへその周りが少し黒みがかっているのが特徴の隠元豆。標高500ｍの中山間地、大豊町美津子野地区の急斜面にて50年以上前から作られてきた。若いときは莢豆、乾燥後は子実も食べるようだ。

- 高知県長岡郡大豊町
- 上村 美津江

紫豆（むらさきまめ）

紫豆の別の呼び名。「フロウ」は、この地方のいんげん豆の総称と考えられる。熊本阿蘇ではいんげん豆全般を「フロ」と呼んでいる。

- 高知県長岡郡大豊町
- 上村 幸子

紫不老（むらさきふろう）

表皮の筋がうっすら透き通って見えるほど透明感がある隠元豆。煮えが早く皮がとろけるようにやわらかい。若いうちは莢豆として食べられる。永森さんは近隣の知人よりタネを入手し、自家採種を続けて50年以上経つ。

- 高知県長岡郡大豊町
- 永森 要子（昭和13年）

たまご不老（ふろう）

83

いんげん

名称不詳

ふっくらとして、地の色が鮮やかな茶色をした隠元豆。子実を食べるだけでなく、若莢もむっちりとしていてとても美味しい。由来など詳細については不明。

- 高知県
- 押岡 ゆきお

紅絞り（べにしぼり）

北海道の「紅絞り」よりも縦に細長い形の隠元豆。和田さんは伊根町の本坂に住む知人よりタネを入手し、煮豆にするために育てている。自家採種歴は数年ほど。和田さんは数年に一度、友人とタネを交換している。

- 京都府与謝郡伊根町
- 和田 美伎子（昭和6年）

近畿・四国

うずら豆

「紅絞り」によく似た隠元豆。2度豆や3度豆とも呼ばれ、春にタネを植えて、それを夏に収穫する。そのタネで再び夏にタネを播き、秋頃に収穫する。一年に何度も収穫できるので、重宝されているようだ。

- 京都府福知山市
- 森澤グループ

いんげん

透明感のある白い隠元豆。この豆に似たものを色々な地方でよく見かけるが、若莢が美味しい、多少実が入っても莢がやわらかい、乾燥して煮豆にすると早く煮える、などの理由で70代以上から絶大な支持がある。

- 高知県長岡郡大豊町
- 前田 大子

白不老（しろふろう）

透き通るように白い隠元豆。山根さんは25年ほど前に長野の知人よりタネをゆずり受けて作り続けている。素揚げして塩を振って食べたり、お煮〆や和え物にする。乾燥豆はすぐ煮えるため甘煮にして食べる。

- 広島県広島市
- 山根 セツ子（大正13年）

白豆（しろまめ）

大豊町桃色地区にて1750年頃「お銀」が旅芸者の権太夫からフロウとよばれるタネをゆずり受けたのが発祥とされる。若莢を湯がいて食べたり、子実を甘煮にして弁当に入れたりと、この地区では欠かせない食材。

- 高知県長岡郡大豊町
- 秋山 勇（昭和7年）
  上村 良子（昭和14年）

銀不老（ぎんぶろう）

85

その他

一寸そら豆（いっすん）

瀬戸内海の離島、因島の農家が自家用に作っていた空豆。子実が若いときも食べる、乾燥した子実は水で戻して餡を作り、炊いたもち米を丸めて餡をまぶし、おはぎにする。出どころや名前の由来は不明。

- 広島県尾道市因島
- 村上 たつ子（昭和26年）
  奥夫（昭和18年）

富松一寸そら豆（とまつ）

「清水一寸」「河内一寸」などの栽培種の親とされる。明治時代には皇室にも献上された貴重な豆。高尾家では、この豆で作る「福煮」が代々大切に受け継がれている。自家用の畦豆で、自家採取歴は100年以上。

- 兵庫県尼崎市
- 高尾 元三（昭和26年）

近畿・四国

丹波黒の乾燥した莢

ぶどう豆の乾燥した莢

近畿・中国四国で出会った美味しい豆料理

京都府や兵庫県には、
宮中とのかかわり合いで
古文書に残っている由緒正しき小豆がある。
そのためかとりわけ大納言の種類が多い。
対して、中国四国地方は野趣に富んだ
小豆が各地で作り継がれており、
それらの豆が庶民の食を支えている。

兵庫県丹波市の柳田さんが作ってくれた煮物。丹波黒さや大納言と在来の根菜を塩と醤油で煮たもの。

広島県広島市、広本文子さんのゴキネブリお赤飯。皮がやわらかいので早く煮え、そのうえ美味しい。

八鹿浅黄の卯の花と酢漬け。福田さんは卯の花は日々のおかずに、酢漬けは健康のために数粒食べている。

兵庫県新温泉町の美方大納言の餡が入った栃餅。山間地では栃の実は救荒食だった。

兵庫県富松町で食べられている富松一寸そら豆の福煮。高尾久子さんが3日かけて作っている。

コラム

色違いの小豆

 大納言小豆発祥の地とされ、約300年前から京都御所へ小豆が献上されていたという記録が残る兵庫県丹波市春日町。美味しい小豆ができる土地として知られるこの地域には、小豆の野生種が数多く見られる。春日町に住む柳田さんは野生種の小豆を栽培しているが、その小豆がとてもユニークだ。その小豆はひとつの莢に斑模様の豆、緑色の豆、朱色の豆と色とりどりの豆粒が成る。野生種ゆえに通常の小豆と比べると小粒だが繁殖力旺盛で、そこらじゅうのつるに巻き付き、つるがなければ横へ横へと繁茂していくそうだ。ちなみに柳田さんの妻、明子さんが試しにこの豆で餡を作ってみたが食味はいまひとつだったようだ。

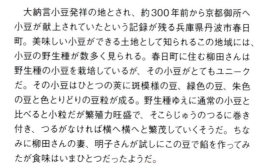

俵型の小豆おにぎり

 「黒鶸」の生産者、森垣さんは子どもの頃に小豆の入ったおにぎりが桟俵（米俵の両側に当てる藁の蓋）に載せて橋のたもとに置いてあった光景をよく見かけていたそうだ。これは、幼い子どもが麻疹や風邪にかかった場合、無事治ったお礼に神様へ感謝をこめた習わしなのだが……。農家に国民保険が導入されたのは昭和35年、森垣さんが住んでいた地域に水道が通ったのが昭和20年。それ以前は農家はお金がなく、誰かが体調を崩しても医者にかかることがままならず民間療法に頼るしかなかった。そのため、幼くして命を落とした子どもも多かった時代でもある。小豆は日本のハレ食の代表でもあるが、祭礼行事に欠かせない神様とつながる豆であることが、このような地方の習わしからも見てとれる。

コラム

豆の食べ方 4

・日本文化と豆・

　日本のハレ食といえば、なんといっても「お赤飯」。米と豆の組み合わせ料理の代表格で、誰しも一度は口にしたことがあるはずだ。赤飯の豆は本来、小豆を使うものとされているが、小豆は煮たり、蒸したりすると腹が割れてしまうことがあり、それが切腹を連想させるため関東を中心に腹割れしにくい大角豆を使う地域がとても多い。また、大角豆ではなく、ご当地の在来豆を使った赤飯を食べる地域も全国各地でみられる。北海道では小豆以外に「十六ささげ」という大角豆を赤飯に入れる地域があり、さらには金時豆の甘納豆を入れる赤飯もある。秋田県湯沢市の「てんこ小豆」しかり、新潟県妙高周辺では「赤飯ささげ」というエンドウを使っていた。広島県安佐北区白木町の「ゴキネブリ」や大分県宇佐市の「赤みとり」と「黒みとり」（※みとり豆については慶事だけに使う地域と、慶事と弔事両方使う地域とに分かれている）など、各地方によって様々な在来豆が赤飯に使われている。今も昔も赤飯に使われる豆は人の暮らしと深く関わりをもっている。

1.十六ささげ赤飯：十六ささげは小豆より粒が大きく、一般の大角豆よりやわらかい。2.赤飯ささげ赤飯：新潟県の妙高では赤飯ささげが赤飯にに使われる。3.みとり豆の赤飯：左が赤みとりの赤飯、右が黒みとりの赤飯。

89

The beans in Kyusyu - Okinawa Region

温暖な土地が育んだ個性派な豆たち

日本列島のなかでも
温暖な気候である九州や沖縄
北国とは違い熱帯原産の
大角豆や刀豆の仲間を各地で見かける。
山間地では、先祖代々受け継がれた
伝統の作物が未だに数多く残る。

九州/沖縄 の豆

小豆

小豆(あずき)

いわゆる一般的な小豆。椎葉村は日本で数少ない伝統的な焼畑を継承している土地で小豆は輪作のひとつ。椎葉さんは自家採種を続けて50年以上。戦前は小豆1升と米1升を物々交換できるほど高価だったようだ。

- 宮崎県東臼杵郡椎葉村
- 椎葉 クニ子(大正13年)

小豆(あずき)

通常の小豆よりもひと回りほど小さい。これは小豆の栽培には昼夜の温度差が必要なため温暖な沖縄は栽培に向かないためと推測される。九州より南側の地方では小豆よりも熱帯原産の大角豆をよく見かける。

- 沖縄県石垣市
- 富銘 佳世子

肥後小豆(ひごしょうず)

熊本県産の小豆は一般的に肥後小豆と一括りにされ流通している。一方で、各農家は昔から小豆を自家採種し続けていて、様々な在来小豆が存在する。和田さんも有機農業を始めた40年ほど前から自家採種している。

- 熊本県上益城郡
- 和田 ユイ子(昭和9年)

九州・沖縄

小豆

赤とベージュの斑紋が特徴の小豆。
数年前、九州の種苗交換会で入手。
福島県二本松市在来とされている
「花嫁小豆」、茨城県で作られている
「娘来た」に似ている。あっさりとし
た味で、皮がやわらかく早く煮える。

姫小豆（ひめあずき）

- 宮崎県えびの市
- 鬼川 直也（昭和48年）

濃いえんじの地にうっすら薄茶の斑
紋がある。姫小豆と同様で数年前、
九州の種苗交換会で入手。皮はやわ
らかい。地の色が黒みを帯び、表面
にうっすら斑紋のある小豆は通常の
赤い小豆よりも病気に強い。

畦小豆（あぜあずき）

- 宮崎県えびの市
- 鬼川 直也（昭和48年）

宇佐地方の長州地区で代々作られ
てきた大角豆。赤と黒があり総称し
て「みとり豆」と呼ばれる。赤みとり、
黒みとりともに餡にして、びったれ餅
（宇佐の方言でだらしない）と呼ばれ
る平たい茹で団子の中に入れている。

赤みとり

- 大分県宇佐市
- 渡邉 美佐子（昭和16年）

93

小豆

まさめ

漢字では「真小豆」と書くが、地の色が赤く、へその周りが黒いので小豆ではなく大角豆。福岡県周辺の地豆で、赤飯などによく使われる。野口さんは福岡県筑紫野に住む八尋さんよりタネを入手して育てている。

- 福岡県豊前市
- 野口 さほ

黒みとり

宇佐地方長州地区で古くから作られてきた大角豆。古くなっても煮えにくくならないため好まれる。お盆頃に若莢を収穫してお供えするほか、「みとりおこわ」という料理に使われる。赤みとりよりも歴史が深く、美味しい。

- 大分県宇佐市
- 渡邉 美佐子（昭和16年）

いため

黒い大角豆と推測される。完熟すると自ら裂開してタネを遠くへ飛ばす繁殖力旺盛な豆。地元ではご飯に入れて食べている。名前の由来は不明。「まさめ」同様、野口さんが八尋さんよりタネを入手して育てている。

- 福岡県豊前市
- 野口 さほ

九州・沖縄

小豆

鬼川さんの祖父の代からタネをつないでいる。病害虫に強いうえ収量がある。完熟するとタネが遠くまではじけ繁殖力旺盛。

宮崎県えびの市
鬼川 直也（昭和48年）

黒ささげ

大角豆の一種だが、「黒小豆」という名前でも売られているがことがある。九州では赤い大角豆よりも黒い大角豆をよく見かける。九州以南では大角豆が小豆のかわりとして餡や赤飯の材料になることがある。

宮崎県東臼杵郡椎葉村
椎葉 クニ子（大正13年）

黒ささげ
黒小豆

黒小豆という名の黒い大角豆。通常の大角豆より小粒で原種に近いとされる。秋田県の「てんこささげ」同様、莢が天を向いて成るが、大きさはひと回り小さい。繁殖力旺盛で収量も多い。下田さんの自家採種歴5年ほど。

熊本県阿蘇郡南阿蘇村
下田 愛子（昭和24年）

黒小豆
黒ささげ

95

大豆

大豆（小粒）

石垣島のクモーマミと形状がよく似た黒目大豆。クモーマミよりもやや粒が大きい。九州以南の在来大豆は小粒なものが多く、それが在来種の特徴かもしれない。青砥さんの自家採種歴は5年ほど。

- 熊本県阿蘇郡西原村
- 青砥 みどり

大豆

見た目は一般的な大豆。輪作のひとつとして椎葉さんは昔から育てている。戦前は小粒の納豆大豆と呼ばれる大豆も作っていたが今は作っていない。塩水で洗ってから塩水に浸け、翌日その水を換えて炊くと美味しいそうだ。

- 宮崎県東臼杵郡椎葉村
- 椎葉 クニ子（大正13年）

みさを大豆

熊本県高森町の一部農家の中で受け継がれてきた幻の黒目大豆。1921年に高森町で井上みさをさんが作り始めたのが由来。畦豆として普及し、戦後は加工用大豆として使用されたが、近年は生産者が非常に少ない。

- 熊本県山鹿市
- 鹿本農業高校

九州・沖縄

クモーマミ

竹富町のクモーマミと同様の豆と思われるが来歴は不明。沖縄では朝食に豆腐を食べる習慣があるが、沖縄での伝統的な豆腐製法は地大豆と海水で作る。とろりとクリーミーでえぐみがない豆腐ができる。

- 沖縄県石垣島富良
- 崎原 正子（昭和22年）

クモーマミ

クモーマミとは沖縄の方言で「小浜大豆」という意味。八重山列島の小浜島の在来豆とされるが来歴は不明。地元ではこの豆と共生する雑草が痛風に効くとされている。山城さんは数十年前から自家採種を続けている。

- 沖縄県八重山郡竹富町
- 山城 貞一（昭和19年）

青地大豆（あおじだいず）

みさを大豆に似た扁平の小粒の黒目大豆。和田さんの畑ではトウモロコシの間に播いている。このように熊本の中山間地の一部ではトウモロコシの間に豆を播くという習わしが今もなお残っている。

- 熊本県上益城郡
- 和田 ユイ子（昭和9年）

大豆

青小粒

極小粒で扁平な青大豆。中央がうっすらと黒ずんでいるので「鞍掛豆」の極小粒版ともいえる。青地大豆などの生産者である上益城郡の和田さんより山口さんがタネを入手して栽培をしている。

- 熊本県阿蘇郡南阿蘇村
- 山口 次郎

黒神(こくじん)

極小粒の青大豆でほかの青大豆よりも鮮やかな緑が特徴。山形県をはじめ、東北地方で多く作られている豆らしいが詳細や出どころは不明。近年の健康志向の追い風もあって雑穀ご飯としての用途が増えているようだ。

- 熊本県阿蘇郡南阿蘇村
- 高島 和子(昭和30年)

黒大豆

椎葉さんが焼畑の輪作体系の1つとして昔から栽培していた大豆。5年目にこの大豆を播く。焼畑後、3年目から雑草が勢いよく生えてくるので、大豆や小豆の葉で雑草の成長を抑える。主に甘煮や豆ご飯にして食べる。

- 宮崎県東臼杵郡椎葉村
- 椎葉 クニ子(大正13年)

九州・沖縄

いんげん

むらさき豆
赤フロ

北海道の「さくら豆」や高知県の「紫不老」などによく似た隠元豆。日本各地で同様の豆を見かけるが、形は多少違えどほとんど同類と思われる。食味がとても良く、その美味しさが全国各地で愛される所以であろう。

- 熊本県阿蘇郡西原村
- 坂田 明子

赤フロウ

赤い隠元豆。「白フロウ」と比べると莢がやや硬質で、カラカラに乾燥した莢を見ると筋がたくさんあり脱穀しにくいのが見てとれる。乾燥させた豆だけでなく若莢も食べる。後藤さんは自家採種をして20年以上になる。

- 熊本県阿蘇郡南阿蘇村
- 後藤 やつよ（昭和9年）

いんげん

通常の金時豆よりもやや茶色がかっているが、形状から判断しても金時豆の一種と思われる。こうした名もなき自家用の豆は直売所や道の駅で固有名でなく「ささげ」や「いんげん」など通称で売られていることが多い。

- 熊本県阿蘇郡南阿蘇村
- 荒牧 よし子

大豆

白いんげん

北海道の「手亡」に似た透明感のある隠元豆。小川さん流の炊き方は、豆をいきなり圧力鍋で炊き、一度湯を取り替えてから再び煮る。こうすると皮が破れないそうだ。小川さんの自家採種歴は10年以上。

- 福岡県うきは市
- 小川 房美（昭和10年）

白いんげん

極薄の皮が特徴の隠元豆。近所に住む後藤やつよさんからタネを入手したもの。普通、豆は古くなると色が黒ずんできて硬くなるが、この手の皮の薄い隠元豆は3年くらいたっても柔らかく煮えるためよく好まれる。

- 熊本県阿蘇郡南阿蘇村
- 高島 和子（昭和30年）

白フロウ

皮が薄く透き通った隠元豆。若莢は多少実が入っても美味しいうえに筋がないのでお煮〆や和え物にして食べる。莢だけでなく実も食べる。後藤さんはペットボトルに豆を入れて保存している。自家採種歴は20年ほど。

- 熊本県阿蘇郡南阿蘇村
- 後藤 やつよさん（昭和9年）

九州・沖縄

いんげん

後藤さんの「白フロウ」に似るが形状がやや異なった隠元豆。荒牧さんが自家採種を続けて10年以上。自家採種を長年続けていると粒に変化が生じてくることがある。由来や出どころの詳細は不明。

- 熊本県阿蘇郡南阿蘇村
- 荒牧 よし子

白フロ

扁平で白い隠元豆を西日本ではこう呼ぶ。豆を10粒並べると6寸（18.2cm）になるのでこの名前がついた。北海道の大福豆や手亡、白金時といった同じ品種と思われる在来種がいくつかある。自家採種歴は80年以上。

- 熊本県上益城郡
- 和田 ユイ子（昭和9年）

十六寸（とろくすん）

大角豆のような形状の隠元豆。別名の「あくせ」とは嫌になるの意味で、収穫が嫌になるほど多収なため。若莢を天ぷらにして食べると美味しい。上原さんは筑後の親類にタネをもらい30年以上自家採種を続けている。

- 熊本県玉名郡和水町
- 上原 勝子（昭和18年）

どじょう豆
あくせ豆、三尺ささげ

101

いんげん

黒大豆

黒大豆と呼ばれているが隠元豆。九州以南では黒小豆や黒ささげ、黒いんげんを見た目で識別するのが困難なため、区別せずに曖昧な名称で呼ぶことがある。「半生」といって半乾燥の豆をご飯に入れて食べる。

- 沖縄県石垣島富良
- 詳細不明

黒ささげ

ささげと呼ばれているが隠元豆と推測される。もとは宮古島から入手したもので自家採種歴は5年ほど。沖縄県は温暖地なためか年2回収穫できる。崎原家ではご飯に入れて食べることが多いようだ。

- 沖縄県石垣島富良
- 崎原 正子（昭和22年）

フロ豆

ほかのフロ豆とは異なり扁平で東北の「雁喰豆」に似た形状の隠元豆。この地方では、長く自家採種している名無しの隠元豆のことを「フロ」や「ささげ」「ささぎ」と呼ぶことがあるが、その一種と思われる。

- 熊本県阿蘇郡高森町
- 後藤 トメ子

九州・沖縄

その他

極小粒で形がいびつな空豆。25年ほど前に、藤崎さんが四国の有機農業家の方からもらった豆で、若莢を食べたり、乾燥豆を空豆ご飯にして食べている。九州の種子交換会で知人にタネを配ることもあるそうだ。

- 宮崎県都城市
- 藤崎 芳洋

赤空豆

地の色が濃い色をしたかなり小粒の空豆。戦前からみやま市周辺で作られており、北海道の小豆が手に入りにくかった時代はこの空豆を餡の代用として日常的に食べていたようだ。田尻さんの自家採種歴は数十年以上。

- 福岡県みやま市
- 田尻 シズヨ（昭和21年）

赤空豆

黒い薄皮が特徴の落花生。ほかの落花生と比べると収量は少ないようだ。和田さんが数年前に九州の種苗交換会に参加した際に入手したタネで、以来自家採種を続けている。

- 熊本県上益城郡
- 和田 ユイ子（昭和9年）

黒ピーナッツ

103

その他

刀豆（赤）

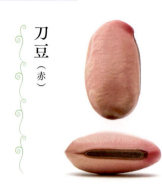

薄赤紫の地色に長いへそが特徴の刀豆。薬効成分が豊富で体の毒出しに使うこともある。若莢は福神漬けや油炒め、湯がいて味噌を漬けて食べる。子実は浸水後に皮を取り甘く煮て食べる。自家採種歴は数十年。

- 熊本県玉名郡和水町
- 小山 美佐子（昭和17年）

刀豆（白）

赤い刀豆に比べ薬効成分はやや劣る。刀豆はつるが上に伸びきると、今度は下へと伸びていく。戦中の農家は出征した家族が生きて戻ってくるよう願掛けの意味を込めて刀豆を播いていたようだ。自家採種歴は数十年。

- 熊本県玉名郡和水町
- 小山 美佐子（昭和17年）

刀豆の乾燥した莢

九州・沖縄で出会った美味しい豆料理

九州や沖縄は温暖な気候なためか、
小豆が育ちにくく
大角豆で赤飯や餡を作る地域もある。
しかも、赤・黒、両方の
大角豆を使うのがとてもユニークである。

宮崎県椎葉村の椎葉クニ子さんの小豆ご飯。炊いたご飯に固めに茹でた小豆を混ぜるのがクニ子さん流。

熊本県南阿蘇の高島和子さんの座禅（ざぜ）豆。大豆を甘醤油で煮詰めたもので熊本県の郷土食。

福岡県うきは市の小川房美さんが作った金山寺納豆。生麹、醤油、味醂、昆布、人参、納豆で作る保存食。

大分県宇佐地方のみとり豆を使ったびたっれ餅。小麦粉にみとり豆餡を入れ、茹でた平らな団子。

熊本県の郷土菓子のとじこ豆。小麦粉と黒砂糖、塩、炒り大豆を練り上げて作る。保存性が高い伝統菓子。

日本の里山

「白いんげん」を10数年自家採種で作っている福岡県うきは市の小川房美さんが住む場所は、平家落人の里といわれる山間地にある。山を登りきったところには見事な棚田が広がり、日本の原風景を見るかのような見事な景色である。こんな山の中に田んぼをこしらえた先人の米への想いとその叡智に感嘆してしまった。しかし、残念なことに過去は50世帯の家があったこの地区も年々人口が減少、とどめを刺すがごとく2015年の水害であちこちの家が倒壊し、ここに住む人々は移転を余儀なくされ現在では居住者は4名を残すのみとなってしまった。

美しい棚田の背景には、地方の過疎化問題という厳しい現実が横たわっていた。伝統的な習わしは単に形式だけのものではないということ、人と自然が折り合うなかで生まれ継承されてきた象徴である。里山は人の手が入ることで美しい景観を維持することができると宣った民俗学者、宮本常一（1907～1981年）が生きていたら、もはや人の息吹の感じられない今の日本の里山になにを思うだろうか。

日本の棚田百選にも選ばれているうきは市のつづら棚田。

コラム

豆の食べ方 5

日本文化と豆

　弔事では白いんげん豆を使う地域が多々見受けられる。茨城県常陸太田周辺の白いんげん豆は「白蒸かし」と呼ばれ葬儀のおこわに。岐阜県飛騨市山の村集落では鎌倉時代から作り継がれている「白たまご」を弔事のためだけに各家で今も連綿と作り続けており、白たまごを甘煮にして精進お膳の真中に添える。皮が破れないように煮る秘伝の方法が今もこの地方に受け継がれている。

　高知県大豊町ではお祝いのときに山菜などの野菜が中心のちらし寿司を作るが、ユズの果汁とちりめんじゃこ、エゴマ、「銀不老」の甘煮を入れるのが習わし。また、「なべもち」という炊いたもち米の中に銀不老の甘煮と湯がいたヨモギの葉を入れ丸めて、きな粉をまぶして食べるおやつもある。なべもちの名前の由来はもち米を鍋で炊くところからついたようだ。これらの食事は、この地方の行事には欠かすことができず、今も昔も変わらず受け継がれている。

1.白蒸かし：茨城県常陸太田市周辺で葬儀のときに食べられている伝統料理で、蒸かしたもち米に白いんげんを入れる。2.白たまごの甘煮：御膳の中央にあるのが白たまごの甘煮。山の村集落では昔から食べられている。3.銀不老寿司となべもち：左下にあるのが銀不老が入ったちらし寿司、上にあるのがなべもち。いずれも大豊町の伝統料理。

● 豆の入手法と探し方

1 インターネット

もっとも手軽な方法。「地方名 在来豆」とインターネットで検索をしてみると、かなりの情報が手に入る。在来種栽培や有機農業をはじめて間もない若手の生産者などデジタルツールに抵抗のない人は自分で作った作物をネット上で販売するために公開しているケースが多い。ただ、自家採種歴が数十年を超えるような古参の生産者の在来種情報にあたることは少ない。まれに親族や友人、知人がブログなどに古参農家の情報を載せている場合があるが、信頼できる情報先にあたるまでは根気が必要。

2 道の駅や直売所、八百屋

各地方の道の駅や直売所は総じて地元の生産者が作った在来作物を扱ってる。個人経営の八百屋でも在来種を見かけることがあるので地方へ行ったら、これらのお店は要チェック。大手スーパーでも、たまに地場産品などの特設コーナーに並んでいる場合があるが、安定供給の面から在来種を一般商品として扱うことはないようだ。

もし、在来種を見かけたら最近は商品の裏に生産者名が書いてあるので、店の担当者に連絡先を教えてもらうなり、情報をもらえれば生産者に直接アクセスできるだろう。

山間の道の駅にて。地方の直売所には必ずといっていいほど豆コーナーがある。多くの豆が秋頃に収穫されるので、その頃に沢山の豆が市場に出回る。在来豆を探す場合は秋頃に道の駅巡りをするのがオススメ。

3 JAや普及所などの公的機関

JA（農業協同組合）や普及所は詳しい生産者情報をもっているため、ネットや道の駅で見つけた在来豆の生産者や作物の詳細についてわからない場合は問い合わせをしてみると窓口になってくれる場合がある。地元の人でさえ知らないような希少な在来種や、古くから在来種を作っている生産者を発掘できる可能性も高く、しかも確実な情報が得られる。また、地方の場合は役場の農業担当者が生産者を知っているケースもあるので、ダメもとで役場に確認してみるのも手だ。

4 番外編 海外で探す場合

方法は日本とほぼ同じだが、各国の大学や研究機関に問い合わせてその筋の専門家を紹介してもらい、そこからさらに現地スタッフの紹介と続き、やっと生産者にたどり着くことができる。生産者に直接話しを聞けるようになるまでに数名介することになる。

● 実際の取材方法

生産者までたどりつけた場合は、実際にその生産者に直接会って在来種についての話を聞く。昔の暮らしぶりや、郷土文化など在来種以外の民俗学的な面白いエピソードが聞けることも少なくない。

● よい豆の選び方

1 ぽったり、ふっくら、しわが寄っていない！

しわの寄った豆は、病気や気候の影響で完熟する前に乾燥してしまった豆だ。しわが入った豆は水に戻しても戻りにくいうえ煮えにくい。こうした豆は熱湯で戻すと吸水し、時間をかけて煮ると普通に煮える場合がある。

2 自然なつやがあり変色していない！

一般の量販店が扱う豆はほとんどがピカピカに光っている。これは機械で磨いているためで、見た目でよい豆かどうかは判別しにくい。しかし、道の駅や直売所にある、農家が脱穀し袋詰めした豆は、概して不自然な光沢はない。右ページを参考に落ち着いた自然なつやがある豆を選ぼう。また白など色の淡い豆は、黄色や茶色に変色していないか確認するのも大切。時間の経過とともに豆は日焼けして、乾燥が進み変色するので鮮度の見極めにもなる。

①隠元豆についた虫の食痕。隠元豆についた虫は豆の堅い表面を食べながら中に侵入していく。食べ過ぎて太ると穴から出られなくなり中で絶えてしまう。②大豆につく虫は穴を開けずに外側を食べていく。

● 皮の張り

皮がしっかりとしていて張りがある。しわがあり、形がいびつなものは要注意。

● 色味

色ツヤがよく、全体的に色のムラが少ないものがよい。

● 割れ豆

完熟の度合いが高く、パンパンに張っている豆は少しの衝撃で割れてしまう。割れ豆は悪い豆ではなく、むしろ完熟しているよい豆の証。

● 色の薄い豆

白色など色素の薄い豆の場合、うっすらと筋が見える。この筋が見える豆は煮るとやわらかい煮豆になる傾向がある。

※良い豆の特徴をざっとあげると前述のようになるが、見た目は問題なさそうでも、水で戻してみると、まったく吸水しない豆などもあるので要注意。小豆を除き、こうした豆は熱湯に数時間浸けると戻る場合があるので、そういった豆は戻してから良品かどうか判断することになってしまう。

● 豆 の 育 て 方

1 タネを播く

播種時期は地域や育てる種類によって異なるので事前確認にしっかりと確認しておく。庭やベランダで育てる場合、大きめのプランターを用意する（土は野菜用培養土でOK）。種類によって多少違いはあるが、およそ20～30cmほど間隔を空けて2～3粒ずつタネを土に埋め込み、軽く土をかぶせ水を適度に与えていく。タネを播いてからおよそ1～2週間ほどで芽が出る。

2 管理、手入れ

発芽した後、複数のタネが発芽して密度が高い場合は成長のよいものを選んで、成長の悪い株は間引く。大きくなってきたら根もとに土寄せし、つるがある豆の場合は支柱やネットを立てる。成長してある程度の高さまで育ってきたら、草丈が高くなりすぎるのを防ぐため一番上の芽を摘む。暑い時期は土が乾燥しやすくなるので、水はこまめに与えてあげること。

▍採種の目安

● 小豆
春小豆なら北海道は5月中下旬～6月上旬、本州では4月～5月が目安。

● 大角豆
大角豆は温暖地が栽培適地で4月下旬～6月上旬が播種の目安になる。

● 大豆
北海道や北東北では5月下旬～6月中旬、関東以南は4月中旬～5月上旬が目安。

3 開花、莢になる

立派に成長した豆は花をつける。豆の花は「蝶のような花」と形容されるほどかわいらしく、種類によって様々な花色があるので、食べるだけでなく観賞用としても楽しめる。とくに人工受粉をさせる必要はなく、花が咲き終わると、緑色をした若い莢が成る。枝豆やさやいんげんなど若莢として食べたい場合は、若い莢がすこし膨らんできたら順次収穫していく。

4 収穫

莢の色が茶色っぽく色づいてきて、子実が熟したら収穫。目安としては莢を振ってみて、中からカラカラと音がすればOK。収穫したものは陰干しで2週間ほど乾かします。完全に乾燥したら、叩くなど衝撃を与えてあげると莢の中からタネがポロポロと落ちてくる。あとは自由に料理に使ってみましょう！※次の年にまた育てたい場合はタネ用に少し残しておこう。

● 隠元豆

温暖な気候を好み、気温が高くなる5〜6月が播種の目安。逆に高温すぎると落花する。

● 紅花隠元

寒い土地でないと栽培は難しい。北国や山間部などでは5月中旬〜6月が目安。

● エンドウ

比較的涼しい土地では3〜4月、温暖な土地では4〜5月頃が目安になる。

● 豆の保存法

1 冷凍、冷蔵保存

豆を長期保存するのであれば、もっともよいのが冷凍保存だ。調理した豆もさることながら、乾燥豆も冷凍保存がオススメ。理由は乾燥を免れ鮮度が長く保たれるから。虫の発生だけを防ぐのが目的であれば、10℃以下の冷蔵保存でもよいだろう。

2 真空パック

脱酸素剤を入れた真空パックは常温でも虫の発生を防げる。しかし、ひとつ難点があって袋の中で空気の伴わない嫌気発酵がゆっくり進むため、これによって微量なアルコールが発生する。よってかすかなアルコール臭が豆に移り風味を損ねてしまう場合がある。

● 豆を乾燥させる→容器保存

豆を保存する容器は農家によってさまざまだ。人によってはペットボトルに詰めて保存していたり、トタン缶で保存している。一升瓶（醤油瓶や酒瓶）に豆を入れている人もいたが、茶色がかった瓶に入れるのが良いそうだ。いずれの保存容器にしてもパンパンまで豆を入れて封をするのがポイント。

農家の伝統的保存法

冷蔵設備のなかった時代、
日本の農家は豆に虫がつかないように様々な方法で豆を守ってきた。
ここでは私が取材時に農家から聞いたユニークな保存方法を紹介する。

1 小豆を熱湯や水にくぐらせ天日乾燥

脱穀した小豆をさっと熱湯か水にくぐらせ、しっかり天日干ししてから、瓶やペットボトルいっぱい空気が入らないくらい入れる。熱湯のほうが虫や卵が死滅するので効果的かもしれないが、水にくぐらせる農家はこの作業を真夏の炎天下でおこなうことを強調していた。さらに瓶は茶色の日光を遮断するタイプを使う。これは直射日光を避けるため。

2 マイナス20〜30℃で2週間置いてから袋詰め

北海道の農家の知恵だが、マイナス20〜30℃以下のとき、野外に2週間くらい置いてから袋詰めすると虫がわかないそうだ。虫や卵が凍死するためと考えられる。北海道では豆の脱穀後は厳寒の季節、外に置けば氷点下にさらされることになるので、冬はあえて外で保管するのがよいらしい。

3 囲炉裏の火棚で保管

昔、囲炉裏を使っていた時代は天棚を組み、そこへいろいろな作物のタネを保管していた地域が日本各地にあった。囲炉裏から出る煙によって燻され、作物に虫がつかなくなるそうだ。

収穫した豆を乾燥させる伝統的な手法。天日と風に当てることで虫やカビの発生を抑える。機械による温風乾燥が一般的になり、近年はほとんど見られない。

115

在来豆

を

Takaharu YAEGASHI
八重樫 貴治

岩手県岩泉町の農家に生まれる。様々な在来種を栽培しタネをつないでいる。老齢農家の経験知に基づく農法を手本にし古い農具も使いこなす。頭でっかちの有機農家とは一線を画した独自の農法を探求する若き農家。

地方の田舎に住んでいると、八重樫さんのような「オタク」は、おそらく「変わり者」と地元の人からは遠巻きにされるのがおちだ。残念なことに希少品種である在来種と同じでその価値は身近な人ほど案外気づかないもの……だが、八重樫さんはちょっと違う。地元の人から親しまれている。そして、その高い「オタク度」は伝統と年長者を尊ぶ精神から来ているのだった。今は亡き師匠の作物を大切につなぎ、さらに師匠の経験知をきちんと咀嚼し継承するとともに、たゆまぬ検証と考察を日々の農業に生かし繰り返していた。その飄々としたクールでありながら深い探究心が、この業界に静かな波紋を投げかけてくれるのではないかとひそかに期待している。

育てる
すごい人!!

Kimiko NEGISHI
根岸 君子

昭和6年生まれ。神奈川県寒川町で10代続く農家。今は主に高級鉢物(花卉)を栽培している。大角豆をはじめ野菜など自給用の作物を栽培しながら、お店や直売所でも販売している。首都圏には珍しく屋敷墓をもつ。

取材依頼ではじめて根岸さんに電話をしたとき、正直年齢を聞いてびっくりした。声の大きさといい、張りといい、電話応対といい、80代と聞いて思わず耳を疑ってしまった。さすがこの都会で10代も続く篤農家、お婆も違うわ……。会ってみるとさらにただものでない人となりに圧倒された。「ホスピタリティ(おもてなし)」、根岸さんのささげは、まさにこのことばを象徴していた。炎天下の脱穀と天日干しを続けられるのも、わざわざ店に買いに来てくれる顧客にお茶請けの手料理を出すのも、すべて顧客が喜んでくれるから。もちろんそこに売り買いがあり、ゆるい欲が存在するにせよ、顧客の幸せが自分の幸せと数十年もつくり続ける気概も筋金入りの在来種農家である。

産地索引／参考文献

北海道

● 遠軽町
前川金時　25
ビルマ豆　26
天ぷら豆　29
茶色いんげん　30

● 音更町
土幌いんげん　27
緑貝豆　27

● 芽室町
紅絞り　26

● 恵庭市
小豆　22

● 剣淵町
十六ささげ　22
鞍掛豆　24
福良金時　25

● 佐呂間町
本金時　25
さくら豆　26
パンダ豆　27
紫花豆　31

● 小樽市
90才さや豆　28
えんどう豆　32

● 森町
西川　23
千茶　24

● 千歳市
貝豆　28
えんどう豆　32
紫色のえんどう豆　32
栗いんげん

● 本別町
栗豆　29

● 幕別町
間作大豆　23
すずさやか　23
黒千石大豆　24
真珠豆　29
うずら豆　30

● 湧別町
大手亡　31
中生白花豆　31

● 由仁町
貝豆　28

青森県

● 南部町
金時　49

● 板柳町
毛豆　44
十面沢の毛豆　45
やぎはし豆　45
あけえ豆　50
ささげ　51
小粒ささげ　53
あずき豆　54

岩手県

● 岩泉町
安家小豆　38
晩生小豆　38
赤すだれ　39
すだれ小豆　39,40
黒すだれ　40
からす小豆　40
白小豆　41,42
てんこささぎ　42
大豆　43
やなぎ葉大豆　43
岩手緑　45
青平豆　46
小っ黒豆　47
黒大豆　47
雁喰豆　48
ビルマ豆　51
ささぎ　53

山形県

● 舟形町
おたふくいんげん　51

● 真室川町
白大豆　44
青黒　44
青ばこ豆　46
七里香ばし　47
大黒豆　48
金時豆　49
紅虎豆　50
弥四郎ささぎ　52
大福豆　53
七夕ささげ　54

● 長井市
馬のかみしめ　46

福島県

● 会津若松市
ささげ　52

● 会津美里町
金時ささげ　49

● 玉川村
ささぎ豆　50

● 二本松市
花嫁小豆　38

茨城県

● 阿見町
ささげ　62

● 常陸太田市
赤いささげ　61
つる赤なた豆　72

● 那珂市
白黒小豆　61
ささげ　61
霜降りささげ　61

栃木県

● 大田原市
小豆　60
大豆　63
パンダ豆　70

群馬県

● 片品村
大白大豆　63
ぶどう豆　66
地ブロウ　66
花ブロウ　71

埼玉県

● 小鹿野町
借金なし　63
湯がき豆　65
いんげん豆　68

● 小川町
小豆　60
青山在来　64
八房いんげん　69

● 秩父市
大滝いんげん　70

東京都

● 檜原村
野良小豆　60
鑾大豆　64

神奈川県

● 寒川町
ささげ　62

● 相模原市
津久井在来　64

新潟県

● 河南町
雪割豆　66

● 上越市
きなこ豆　65

● 長岡市
ぽこ豆　72

● 妙高市
ささぎ　68
世界一　71
紫花豆　71
赤飯ささげ　72

山梨県

● 身延町
うずら豆　69

長野県

● 青木村
十六寸豆　65
ささげ豆　69

● 産地不明
とら豆　67

岐阜県

● 山県市
桑の木豆　67
桑の木ブロウ　67

● 飛騨市
白たまご　70

京都府

● 伊根町
薦池大納言　79
紅絞り　84

● 亀岡市

馬路大納言	78	ゴキネブリ	79	
オオツル	82	丹波黒	82	
		白豆	85	

熊本県

○ 高森町
フロ豆　102

大分県

○ 宇佐市
赤みとり　93
黒みとり　94

○ 福知山市
ぶどう小豆　80
うずら豆　84

○ 尼崎市
富松一寸そら豆　86

○ 山鹿市
みさを大豆　96

宮崎県

○ えびの市
姫小豆　93
畦小豆　93
黒ささげ　95

兵庫県

○ 加西市
大豆　81

○ 尾道市
一寸そら豆　86

○ 西原村
大豆　96
むらさき豆　99

○ 北広島町
陰小豆　79

○ 篠山市
丹波川北黒大豆　82

高知県

○ 大豊町
紫豆　83
紫不老　83
たまご不老　83
白不老　85
銀不老　85

○ 南阿蘇村
黒小豆　95
青小粒　98
黒神　98
赤フロウ　99
いんげん　99
白いんげん　100
白フロウ　100
白フロ　101

○ 椎葉村
小豆　92
黒ささげ　95
大豆　96
黒大豆　98

○ 新温泉町
丹波黒さや大納言　78

○ 丹波市
美方大納言　78

○ 豊岡市
黒鶴　81

○ 産地不明
名称不詳　84

福岡県

○ うきは市
白いんげん　100
赤空豆　103

○ 和水町
どじょう豆　101
刀豆　104

○ 都城市
赤空豆　103

沖縄県

○ 石垣市
小豆　92
クモーマミ　97
黒大豆　102
黒ささげ　102

○ 養父市
八鹿浅黄　81

広島県

○ 呉市
ぶんず　80

○ 産地不明
肥後小豆　92
青地大豆　97
十六寸　101
黒ピーナッツ　103

○ 竹富町
クモーマミ　97

○ 豊前市
まさめ　94
いため　94

○ 広島市
さむらい豆　80

参考文献

書籍
- 阿部希望『伝統野菜をつくった人々「種子屋」の近代史』農山漁村文化協会（2015）
- 海妻矩彦、喜多村啓介、酒井真次『わが国における食用マメ類の研究』
- 独立行政法人 農業技術研究機構（2003）
- 加藤淳、宗像伸子『すべてがわかる！「豆類」事典』世界文化社（2013）
- 田中文子『岩泉町の雑穀物語』熊谷印刷出版（2007）
- 野口勲『タネが危ない』日本経済新聞出版社（2011）
- 長谷川清美『べにや長谷川商店の豆料理』パルコ出版（2009）
- 長谷川清美『べにや長谷川商店の豆料理 世界編』パルコ出版（2013）
- 古川哲男『御郡奉行の日記 村岡藩上級家臣の生活』村岡町教育委員会（2001）
- 前田和美『豆（ものと人間の文化史）』法政大学出版局（2015）
- 美方郡史編纂同盟会『美方郡誌』臨川書店（1985）
- 渡辺篤二『豆の事典—その加工と利用』幸書房（2000）

雑誌
- （財）日本豆類基金協会『豆類情報』
- 一般社団法人日本調理科学会『日本調理科学学会誌 vol.46 No.3 pps.179-187』
- 山形県真室川町『娘に伝えたい郷土食 あがらしゃれ真室川』

WEB
- （公財）日本豆類協会HP（http://www.mame.or.jp/）
- （株）住友化学園芸HP（http://www.sc-engei.co.jp/）
- 伝承野菜農家 森の家（http://www.morinoie.com/）
- 阿蘇地域世界農業遺産HP（http://www.giahs-aso.jp/）

おわりに

　自然界には人知の及ばない領域がたくさん存在し、人類を含め生物はみな、自然界の一定の秩序のもとに生きています。在来種も秩序に従いながら、人間に媚びることなく生きています。そして、そうした人間の思うようにはならない在来種のことを愛する人たちがいます。そこに経済は介在せず、あるのは人と人との関係性だけです。もともと在来種はお金とは無縁の場所にはじまり、物々交換や自給などお金を介さないかたちで今まで残ってきました。だからこそ今残っているとも言えます。

　しかし、近年では家族や人と人の関係性が変わり、お互いの結びつきが希薄になりつつあります。それに従うように在来種も消滅の一途を辿っています。さらに、そこに作り手の高齢化が追い打ちをかけ、この流れに逆らうことはもはや難しく、生き残るには別の道を模索するしかありません。

　物々交換や自給の時代は終わりました。現在の資本主義のなかで生き残っていくには貨幣を介さずには存在しえません。今、在来種はその岐路に立たされています。

　資本に飲み込まれることなく、存続できる道筋を考えていかなければならないときが来ています。

● ご協力下さった皆様へ

本書は数えきれない多くの方々のお力添えなくして出版することはできませんでした。この場を借りて深くお礼申し上げます。べにや長谷川商店料理教室生徒の皆様ほか、現地情報を調べ手となり足となってくださったすべての皆様、お礼のことば筆舌に尽くしがたし。そして在来豆の魅力をさらに掘り下げ開花させてくれた文一総合出版編集部の境野圭吾さん、感謝です。最後につくりつないできた在来豆生産者の皆様に、深い敬意と感謝の意をこめ結びとさせていただきます。